大樂文化

大樂文化

大樂文化

業務之神的聊天術

営業は自分の「特別」を売りなさい

不推銷，讓業績從0到1億

神級業務員
辻盛英一◎著 黃瓊仙◎譯

★暢銷限定版★

Contents

第3章

我把業務分成6等級，你在哪一級？ 085

第4章

業績始終無法突破？解決6問題就克服瓶頸 107

第5章

用對時間，能兼得工作與生活品質

第6章

對客戶付出不求回報，收入更快翻倍跳！

前言
學會聊天術，比「一直賣、一直賣」好十倍！

各位遭遇過類似狀況嗎？拜訪客戶時，對方不耐煩地下逐客令；想方設法與顧客碰面後，卻難以預約下次見面的時間……。如此一籌莫展的日子，持續數星期、數個月，甚至長達好幾年，不禁讓人害怕面對明天。

在我開設的「頂尖業務培訓課程」中，有位四十二歲的業務員每天都深陷這樣的痛苦。他原本是愛酒人士，為了擺脫跑業務的恐懼，竟然不知不覺中天天喝到爛醉。而且，這種情況不是個案，在培訓課程中，許多學員都因為業績衝不上去，而無計可施。

某位曾是職業網球選手的男性學員，球技精湛卻不擅長和人交談，與客戶會面時總是沉默不語。由於氣氛太過凝重，他為了打破僵局，只好與客戶聊網球，沒想到卻讓場面更尷尬。

還有位喜歡美食的業務員，業績連續六個月掛蛋，她一想到要與前輩或上司見面，就覺得心煩意亂，最後只好用出外勤當藉口在外遊蕩，但實際上是去吃甜點或泡在居酒屋消磨時間。

你是否也像這些人一樣，一邊承受壓力，一邊勉強自己從事業務工作？

上過我的培訓課程後，曾天天借酒消愁的保險業務員，在短短三個月內，便讓月收入達到一百萬日圓，不到半年更突破兩百萬日圓。

曾是職業網球選手的業務員現在很受歡迎，不少客戶會主動請他介紹商品，年收入已高達四千萬日圓。至於連續六個月業績掛蛋的業務員，則獲得公司年度MVP，在業界非常活躍，彷彿天生就是業務高手。

在我的培訓課程中，不少學員曾被貼上「毫無業績」的標籤，但上過課之後，業績好到被公司表揚。為什麼他們有如此大的改變？因為我告訴他們要推銷自己的「特點」。**只要將自己的特點當作最佳賣點，任何人都能成為頂尖業務員**，而且樂在工作。

其實，我也是在懂得如何推銷自己的特點後，才能在全球第三大壽險公司大都會人壽（MetLife），連續十三年蟬聯日本區的業績第一名。

那麼，特點到底是什麼？我認為就是**對客戶有利的附加價值，以及讓人產生共鳴或感動的事物**。若有一百名業務員，就有一百個特點，因為每個人都擁有各自的特色。

也許有人覺得這似乎很難理解，其實簡單來說，特點就是指自己喜歡或感興趣的事。如果你喜歡喝酒，酒就是你的特點；如果你喜歡打網球，網球就是你的特點；如果你喜歡電影或按摩，它們就是你的特點。

順帶一提，我的特點是棒球。我曾經長期協助和指導棒球隊，而拿到一筆沒人看好的企業保單。我在大都會人壽擔任業務員時，身兼某大學棒球社的教練。一個月當中，有二十五天在棒球場與球員一起度過，剩下的時間才從事業務工作。相較於其他的業務員，我的正職工作時間甚至不及他們的十分之一。

各位可能覺得難以置信，但我真的連續十三年蟬聯業績第一名。或許有人會疑惑：「這真的行得通嗎？」「工作時間這麼短，業績會成長嗎？」老實說，業績真的蒸蒸日上。我的培訓課程學員都是最佳證人，他們皆發掘到業務工作的真正樂趣，並且持續工作，至今還沒有人辭職。相信各位讀完本書後，便能體會到箇中成效。

許多業務員、主管、老闆曾對我說：「我想學習業務祕訣！」「我想提升銷售額！」他們都具有強烈的責任感，拚命努力工作，但始終看不到成果，於是深感煩惱又沮喪。努力和積極進取的態度固然重要，但業務是一份成果導向的工作，也就是說，只要拿出成績，就能選擇自己喜愛的工作方式。

各位有緣邂逅本書，相信往後可以一邊做自己喜歡的事，一邊讓業績持續成長。只要閱讀書中的內容，好好運用自己的特點，全心全意地投入業務工作，將會產生連你也意想不到的改變。

難得從事業務員這麼棒的工作，希望各位能以此自豪，並期待與顧客會面的每一天。如果本書可以對你有所助益，我將感到無比欣慰，請務必懷抱期待的心情閱讀。

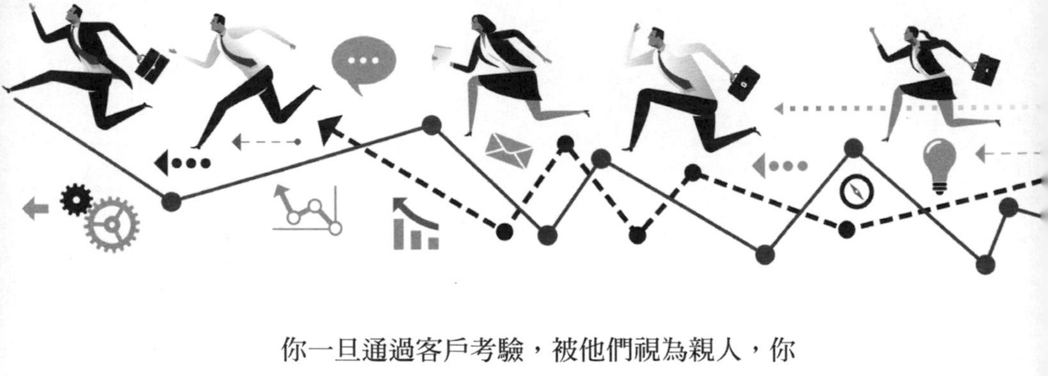

你一旦通過客戶考驗，被他們視為親人，你的身分就從單純的業務員，升級為值得信賴和託付的重要朋友。抱持交朋友心態從事業務工作，一定能深得客戶喜愛。

第 1 章

我透過聊棒球，開啟 13 年業績冠軍之路！

具備業務思考模式，是從事任何工作的原點

大多數業務員一旦業績長期不見起色，就開始煩惱：「我是不是不適合從事業務工作呢？」但是，我認為沒有人不適合當業務員，因為業務工作的起點是「實現對方願望、帶給對方快樂」，相信每個人或多或少都曾抱持這種想法。

我們先試著思考企劃的工作內容。不論是創造商品或是推出服務，一定會考慮顧客的需求，以及如何取悅他們。許多暢銷商品或服務的問世，都源自於幫助顧客解決問題或煩惱，其中絕對少不了實現對方心願、帶給對方快樂的業務思考模式。

❖即使人資或會計，也要具備業務員思維

這個道理也適用於不須直接與顧客接洽的工作，像是會計或人資等。或許有人認為，會計的工作只是依照既定法規，記錄每天的金錢流向。不過，會計該負責的是根據日積月累的資料，找出公司的問題，例如：為什麼公司的獲利無法成長？如果維持現狀，會對公司營運造成什麼影響？

會計的工作性質其實與業務一樣，都要實現員工的願望，並取悅他們，只是對象從客戶轉換為同事或員工。換句話說，**如果你不適合從事業務工作，便無法勝任其他性質的工作**，因為業績不好的理由永遠只有一個，就是不瞭解正確的業務做法，也不知道創造佳績的方法。

這時候可能有人會反駁：「才沒有這回事！我在培訓課程學到許多方法。」但是，多數培訓課程教的都是商品常識，以及「聽簡報↓提案↓成交」這類制式的洽談流程。在這種情況下，再怎麼付出努力，都很難做出成績。

話說回來，**業務員創造佳績的上上策，在於善用每個人擁有的特點**。而且，知道自己處於哪個業務員等級，並具備自我提升和進化的方法（詳情請見第三章）。儲備這些能力後，便能創造出意想不到的佳績。當你成為真正的業務員，未來不管換什麼工作，都能得心應手。

藉由聊棒球，我開啟13年穩坐業績冠軍之路

我在二〇一八年成立自己的公司。在此之前，我任職於全球第三大的保險公司大都會人壽，並且連續十三年保持業績第一名。

在大都會人壽工作的期間，有不少同事和其他公司的人都曾對我說：「您真是業務奇才！」「工作上有沒有讓您感到困擾的地方？」「您真厲害，請教我如何提升業績！」如果連提供建議的部分也算在內，迄今我已經指導超過兩千名業務員。

❖命運多舛的童年，與父母攜手克服

不過，我的人生並非一開始就一帆風順。剛出生時，我因為左腦的腦電波圖無法判讀，而被診斷為罹患死亡率高達九九％的罕見疾病，醫生也束手無策。這開啟我漫長的住院生涯，甚至五歲前都不會走路。

然而，雙親沒有放棄我，認為總會找到辦法。他們四處奔走，嘗試各種方法，不斷祈求我能恢復健康。也許是雙親的誠意感動上天，有一次他們在石川縣的寺廟中，將經書抄寫在我的全身，沒想到我竟然奇蹟似地痊癒，從此終於能過正常生活。

後來，我接觸到棒球，並奉獻一切的心力，記憶中大學時期幾乎沒有在課堂上課。然而，平穩的日子沒有持續太久，那時雙親經營全縣最大的水果行，卻不幸破產，我為了賺取學費和生活費，便成立一家補習班，專門招收半工半讀的學生，每個月的營業額有五十萬日圓，總算可以糊口。

❖第一份業務工作，被掛蛋業績澆熄熱情

我大學畢業後，進入大型銀行工作，身邊都是從東京大學或京都大學畢業的菁英。不過，我滿懷信心地告訴自己：「既然無法以學歷取勝，就憑實力一決勝負吧！」

我的第一份工作是招攬信用卡貸款，必須從早到晚站在提款機旁邊向人推銷。但是，即使我詢問所有來銀行辦事的客戶，業績仍然掛蛋，每天重複上演這樣的戲碼，我很快失去工作熱忱，完全不知道自己上班的意義何在。

後來，因為公司的營業額走下坡，我突然被指派一項完全沒接觸過的任務，必須每天下午六點向顧客招攬房貸業務。由於時間太晚，我根本見不到客戶，但又無法空手而歸，只好坐在咖啡店裡消磨時間。

有時候，即使成功約到客戶，實際會面時也會遭到無情的拒絕，讓我開始懷疑自己的存在價值。因為過度恐懼被拒絕或被討厭，我甚至開始抗拒推銷商品。

那段期間，我真的非常煩惱，體力和精力也消耗殆盡。

當時，某個念頭在腦海中浮現：「再這樣下去，註定無法從痛苦深淵中逃脫，我不想再被客戶討厭，想讓客戶開心！」於是，我決定放棄過去在培訓課程學到的方法，而使我轉變的契機是一位喜愛棒球的客戶。

❖利用最愛的棒球，初嚐成交的喜悅

我事先打聽到那位客戶喜歡阪神虎棒球隊，心想：「反正推銷商品會被討厭，不如聊聊阪神虎隊後就回家吧！」於是，我在客戶家中聊了球隊教練和選手的話題。由於我也是棒球迷，兩人越聊越起勁，竟然足足聊了兩個多小時。如果只談公事，根本不可能聊這麼久。

當我意識到時間流逝，趕緊站起來準備離開，並連忙陪不是地說：「不好意思！打擾您這麼久。」客戶突然問我：「您來找我是為了什麼事呢？」我回答：

「我只想跟您聊聊棒球而已。」客戶聽完後笑著說：「最近我剛好想更新工廠設備，正在考慮向你們銀行貸款五千萬日圓」，並且當場簽下貸款契約。

後來，好幾位客戶都在類似情況下簽約。這時候我察覺到，或許這才是招攬業績的正確做法。總而言之，回歸業務工作初衷，理解取悅客戶的重要性之後，便會發現**業務工作的訣竅在於推銷特點**，也就是本書介紹的主題。

我回想當時的狀況，還是覺得非常痛苦，打從心底慶幸自己能走出那個深淵，也希望與我有相同遭遇的人可以擺脫痛苦，所以每天研究銷售個人特點的方法，並且到處演講，將這個道理傳授給更多人。

其實，我自從領悟這個道理後，業績逐日成長，不再把自己逼到精神緊繃的地步。不久後，大都會人壽前來挖角，我跳槽沒多久，業績就攀升至全公司第一名。隨後，我接連創造佳績，打從心底享受業務工作的樂趣。然而，事情並非一直這麼順利。

❖金融風暴下，被客戶拯救

二〇〇八年九月，美國的雷曼兄弟投資銀行破產，影響層面擴及各國，最後演變成全球金融風暴。我的企業客戶紛紛倒閉，不斷有人解約保單。原本續約率將近百分之百，下滑到只剩一八％，導致我每個月必須繳納高達五百萬日圓的罰款。

金融風暴讓許多客戶忐忑不安，當我逐一前往拜訪並說明時，竟然有不少客戶對我說：「如果你有困難，讓我助你一臂之力」，而且向我購買新保單，甚至介紹朋友給我。在這些客戶的支持下，我很快地繳清罰款，業績在短短一個月內回到原來的水準。

我透過個人特點與客戶往來，在他們心目中，漸漸從一般的業務員轉變成特別的業務員，最後變成朋友，因此客戶才願意伸出援手。我在他們的諸多幫助下，成功擺脫困境，重新體認到與客戶建立關係的業務工作多麼令人雀躍。

在銀行工作時期，我總認為客戶是客戶，業務員是業務員，彼此沒有任何關係。但是，我現在深刻體悟到，客戶和業務員都是獨立個體，只是立場不同，而且人與人之間，必須透過交流互動才能建立關係。

業務工作並非一味地推銷東西，而是盡己所能地服務客戶，且不期待他們回報。**業務員可以認識形形色色的人，並透過建立人際關係，讓自己大幅成長。業務員真的是一份很棒的工作。**

以挑女婿的高標準，要求自己如何對待顧客

我在培訓課程中經常問學員：「如果你是客戶，遇見什麼樣的業務員會心生厭惡？」答案不外乎是儀容不整、態度囂張、對商品一無所知等。

接下來，我問他們：「假設你們有個女兒，絕對不希望什麼樣的人來家裡提親？」大家的回答包括了不誠實、沒禮貌、脾氣暴躁、收入少、有暴力傾向、自以為是、話不投機、挑食、亂丟煙蒂等。

然後，我又問：「各位認為什麼樣的總統令人討厭？」大家聽完這個問題後，要求條件變得更嚴苛，例如：不會說英語、沒有領導才能、衣著品味差、可以心平氣和地說謊等。

各位聽到上述三個問題，腦中浮現什麼樣的人物呢？其實，詢問這些問題的目的，是為了探討業務員應該抱持什麼樣的工作心態。

如果業務員對「女婿」要求嚴苛，但是對「業務員」寬鬆通融，認為業務員只要滿足某些條件即可，這代表他們對工作的標準不高，也不懂得與客戶相處的重要性。

若問頂尖業務員相同問題，他們對業務員與首相的標準應該會完全一致，包括了不能沒有領導才能、衣著品味不能太差、絕對不能說謊等，因為頂尖業務員都是如此嚴苛地要求自己。

想成為客戶心目中的特別人物，至少要以女婿的標準要求自己，並抱持同樣的心態與客戶往來。

你一旦通過客戶的考驗，被他們視為親人，你的身分就能從單純的業務員，升級為值得信賴和託付的重要朋友。抱持交朋友的心態從事業務工作，一定能深得客戶的喜愛。

不必拜託顧客買，而是讓他覺得「幸好我有買」

在培訓課程中，我會詢問從事業務工作的學員：「你認為業務是怎麼的工作？」不少人回答：「業務就是對客戶鞠躬哈腰，拜託對方買東西。」

如果你也如此認為，請立刻捨棄這種想法，否則你和客戶之間就會演變成上下關係：客戶是讓你賣東西的施捨者，而業務員是拜託客戶買東西的乞討者。

我認為業務工作是向客戶介紹有用的商品，讓他們對此心懷感謝。頂尖業務員能為雙方創造幸福，讓客戶打從心底覺得：「買到可以提升生活水準的商品，真的很開心！」業務員也會因為客戶購買需要的商品，而感到高興。其實，只要修正對業務員抱持的錯誤形象，業務工作就會變得欲罷不能。

想要贏得客戶喜愛，最有效的祕訣不外乎善用自己的特點。前言中提到某位愛喝酒的業務員，他上培訓課程時，正處於最恐慌的狀態，因為他任職的公司規定，若連續六個月業績沒有達標，就會被解雇，而他的業績一直未見起色，每天都害怕自己被開除，為了逃避現實壓力，每晚喝到爛醉。

我聽完他的描述後建議：「愛喝酒是你的特點，既然你喜歡喝酒，何不邀約客戶一起去喝一杯？」他面露不安地回答：「這怎麼可能？」我又說：「你可以試著包下經常光顧的酒吧，邀請所有客戶來喝酒。」

他聽完後雖然半信半疑，還是馬上付諸行動。一個星期後，他備齊自己最喜歡的高級威士忌，包下經常光顧的酒吧，舉辦一場派對。他向客戶介紹：「喜歡煙燻味酒類的男士，一定不能錯過這款威士忌」、「如果要招待客人，我推薦這個品牌的一九年威士忌」。整場派對的話題都圍繞著各種酒類。

短短三個月，這位業務員的月收達到一百萬日圓，不到半年便飆漲至兩百萬日圓。現在，他依舊每兩週舉辦一次派對，其他日子則與客戶去喝酒，據說年收為三千萬日圓。

他光是與客戶聊自己喜歡的酒類話題，便能取悅客戶。即使沒推銷商品，對方也會主動表示想進一步瞭解，因此業績仍持續成長。

正因為善用自己的特點，這位業務員獲得前所未有的工作樂趣，使業績一飛衝天。他能辦到，相信各位一定也能做到。

將你的興趣發揮成個人魅力，創造獨有的價值

接下來，我想聊聊服飾業務員K的故事。K是某品牌服裝公司的員工，但幾乎不會到店裡銷售，只有在他負責的客戶來店時才會現身。據說，有時候他一個月只有四天待在店裡。

即便如此，他的業績是全日本第一。既然他沒有到店裡上班，平常都在做什麼呢？其實，他忙著跟客戶一起去熱門的餐廳大啖美食，或出國旅行。為什麼這樣能讓業績達到全日本第一呢？

❖業務員對工作的熱情，能確實傳達給客戶

K非常喜歡服裝和配件，把自家公司所有商品都記在腦子裡，而且他相當瞭解材質及剪裁，能根據顧客的體型、出席場合、所處情境，提出最合適的穿搭建議，還會介紹如何利用自家公司的商品，搭配家裡既有的衣物。

舉例來說，我曾表示想去泰國旅行，他對我說：「泰國濕氣重，這件襯衫比較適合濕熱的天氣。」當我表示想改變造型時，他則說：「你平常都穿牛仔褲，換穿這件短褲更有型。」聽他這麼說，我最後總會買下推薦的商品。

此外，他會利用通訊軟體跟我聯繫，不時傳來新商品的照片，並說：「如果有喜歡的，我可以幫你預留。」所以，每當我看見喜歡的商品，便會跟K聯繫。

對K來說，能夠搭配喜愛的衣服和配件，讓顧客顯得更出色，便會心生無比的喜悅。由於他總是熱切地傳達出為顧客著想的心意，我身為顧客很信賴他，經常向他請教許多事情。

對我來說，K已是不可或缺的特別人物，想必其他顧客也抱持相同看法。K很滿意自己的業務工作，**不只讓自己和顧客開心，還能使業績確實成長**。

❖將喜愛的事物回饋客戶，使業績一飛衝天

另一位在酒行工作的T也打從心底樂在工作。他非常喜愛日本酒，號稱喝遍全日本的酒，而且對酒類知識瞭若指掌。他與K一樣很少出現在店裡，又是如何賣酒呢？

T每天晚上都會光顧有提供日本酒的居酒屋或小餐館，仔細品嘗每家店的酒。他一邊喝酒，一邊思考：「原來這裡會擺這種酒」，甚至把每家店當作自己的店，認真思考適合該店的酒，並向店家介紹：「明明是這麼棒的店，應該搭配更多好酒，不然就太可惜了。」

厲害的業務員不會讓對話就此結束，T往往能針對店家特色提出建議：「我

送你一瓶酒，可以擺在店裡給客人試喝」，接著就留下商品、打道回府。如果試喝的酒獲得顧客好評，店家會開心地向他下單訂貨。

T發現自己的工作能讓自己、店家、來店喝酒的顧客開心，體認到工作樂趣，於是越做越開心。他現在的心願是繼續宣揚日本酒，造福更多人。

在前文中，K和T沒有使用特殊的推銷手法，只是全心全意地把自己喜歡的事物、個人特點回饋給客戶，業績便一飛衝天。如果你的工作與業務有關，學會K和T的方法後，也一樣能創造佳績，**因為人只會將錢花在有價值的事物上**。

其實，你喜歡的事物、自己的特點，說穿了就是你的象徵。發掘只有自己擅長的事物，便能貢獻獨有的價值。

重點整理

- ☑ 業務員創造佳績的上上策，是善用每個人擁有的特點。
- ☑ 業務工作的本質是「實現客戶願望、帶給客戶快樂」，訣竅在於推銷特點。
- ☑ 客戶和業務員都是獨立個體，人與人之間要透過交際往來，才能建立關係。
- ☑ 想成為客戶心中的特別人物，至少要以挑女婿的標準要求自己，並抱持同樣的心態與客戶往來。
- ☑ 發掘自己喜歡且擅長的事，便能貢獻唯你獨有的價值。

編輯部整理

世上每個人都有個人特點，你可以分析自己的特色，再由此創造獨一無二的特點。一旦開始行動，異於常人之處或任何特殊經驗，都能發揮強大作用。

第2章

即使不推銷，業績也能比人多6倍

展現自己的特點，讓顧客產生共鳴和信賴

頂尖業務員會利用自己的特點，帶給客戶共鳴和感動，並將其轉換成業績回饋給自己。有些人聽到這裡，可能誤以為他們都擁有特殊才能。其實，特點並非與生俱來的才能，也不是刻意培養的能力，而是對自己來說特別的事物。簡單地說，**你的特點就是自己喜歡且感興趣的事物**。

每當我在培訓課程提到特點的重要性，許多學員都用懷疑的眼神看著我，疑惑地想：「這樣真的行得通嗎？利用特點真的能讓業績變好嗎？運用自己喜歡的事物，一定能保證業績成長嗎？」

越覺得賺錢辛苦的人，越不相信這種說法，因為他們認為工作是很艱辛的苦

差事，自然會把自己喜歡或感興趣的事物，放在與賺錢對立的位置。不過，我認為這個觀念應該要改變。

請各位回想一下前言提到的幾個人物，前職業網球選手的特點是網球，六個月都零業績的業務員特點是美食。他們因為學會活用各自的特點，創造出耀眼的業績。

因此，請試著找出自己的特點吧！每個人應該都有喜歡和感興趣的東西，或是只要想到便感到開心的事物，投入其中時，甚至熱衷到忘記時間。各位看到這裡，腦海裡是否浮現一些畫面呢？

在專門為業務員開辦的培訓課程上，我的第一句話總是問大家：「各位有沒有喜歡的東西呢？」然而，幾乎所有人的回答都是「沒有特別喜歡什麼……」「我不知道耶」。

接下來，我會引導學員思考，請他們回想與工作看似毫無關聯的事情，但大多人的答案依舊是：「我的興趣或技能對業務工作沒有任何幫助。」這代表對他們來說，興趣並非賺錢的手段。

其實，不論網球、美食，甚至是睡覺，都能成為提升業績的特點。因為你喜歡的東西，某人可能也喜歡，對你而言特別的事物，對某人來說可能也很特別。

業務員的首要之務並非推銷商品，而是贏得客戶信賴。當你展現出個人特點，一定能贏得共鳴，進而建立信賴感。

想成為頂尖業務，其實不需要具備特殊才能！

在培訓課程上，我總是要求學員找出自己喜歡的事物，而且每次都會聽到類似的回答：「我喜歡足球，但技巧沒有好到可以當職業選手，所以無法當作個人特點」、「我喜歡畫畫，不過只會簡單的素描，稱不上是特點吧？」「我會彈鋼琴，只是沒厲害到能演奏給其他人聽，怎麼判斷這是不是我的特點呢？」

我想說的是，**特點不必是優於其他人的能力或技術，即使是不帶任何技術成分的事物也可以**。當然，具備一定程度的才能或技術則更好。

假設你喜歡足球，假日也熱愛踢足球，即使毫無天份，但聊到足球就開心得不得了，那麼足球可說是你的個人特點。

如果你真心喜歡某個事物，即使無人強迫也會主動去做，就算一而再、再而三地重複相同的事，還是會做得很開心。

舉例來說，你若是對歷史感興趣，心態一定不同於為了考試不得不唸教科書的學生，而是為了增長知識去主動鑽研，於是會加深喜歡歷史的程度。也就是說，喜歡的程度越高，越適合作為個人特點。

因此，判斷個人特點時，重點不在於技術或才能，而是有沒有發自內心喜歡。**純粹對某事物感興趣，並打從心底喜愛，這就是個人特點，更是能帶動業績成長的關鍵。**

看似不起眼的地方，很可能成為你的強項

如果你絞盡腦汁也找不到喜歡的事物，請試著問自己以下的問題：

- 如果有一個月的休假，我想做什麼？
- 我做什麼事的時候最開心？
- 即便花再多錢也想擁有什麼東西？

回答以上問題時，請拋開與工作相關的想法，可以回想自己休假時都在做什麼。如果覺得打電動時最開心，可以試著想想自己喜歡玩什麼遊戲。不論是電動

或踢足球，每個人一定會有喜愛的事情，即使喜歡坐著休息也沒關係。**只要善用喜歡的事物，就能輕鬆讓業績成長**。

前言中提過我的個人特點是棒球，正因為多年來始終追蹤最新的棒球資訊，才能與各式各樣的客戶搭上線，連續十三年穩坐業績第一名的寶座。此外，許多人把美食、網球、麻將等事物當成特點經營，不但可以讓自己樂在其中，又能創造人人稱羨的事業成果。

這些成功故事聽起來夢幻，但確實在現實世界中發生。請各位仔細思考，如果把工作的事情暫且擺到一邊，你喜歡或對什麼感興趣呢？相信各位腦海中應該會浮現某件事物，但又不禁抱有以下懷疑：

- 這真的可以當特點嗎？
- 把這個當興趣，好像有點怪怪的。
- 那個興趣應該稱不上是個人特點吧？

也許你對自己的特點沒把握，但無論腦海裡浮現什麼，都可以當作特點，因為在這個世上，幾乎沒有一件事物是「只有自己喜歡」。

下頁的檢測表有助於發掘個人特點，請讀者誠實回答其中的問題，這些問題的目的並不是幫你提升業績，而是更瞭解自己喜歡什麼。請各位抱持坦率的心情，找出自己喜歡的事情吧！

測測看自己有什麼特點和魅力？

每個人都擁有個人特點，請各位透過以下問題，找出自己的特點吧！問題分為階段一、階段二、階段三，共三個階段。

階段一 重新正視你目前擁有的東西，即使習以為常或是認為理所當然，若能成為與人締結親密關係的契機，便可作為個人特點。與客戶見面時，不妨把階段一的問題當成與客戶聊天的話題。

階段二 不少人認為自己沒有特別喜歡的興趣，階段二的問題有助於發現自己的興趣傾向，答案可能就是你的特點。不過，不必拘泥於其中一個，每個特點都有深耕的價值。

階段三 階段三的問題在於發掘你內心真正的喜好，答案便是你真正喜歡的事物，也就是個人特點。

請各位按照順序，從階段一開始回答問題，如此一來，可以重新審視自己，並有效擴大個人特點的範圍。下一章將詳述如何活用個人特點。

階段一

重新檢視自己擁有的事物

□你現在住在哪裡？

□你的出生地是哪裡？

□你的生日、生肖、星座、血型為何？

□與你同天生日的名人有誰？

□雙親各是哪裡人？

□祖父母各是哪裡人？

□有搬家的經驗嗎？

□住過哪些國家或地區？

□就讀過哪些學校？

□小時候學過哪些才藝？

□學生時代曾參加哪些社團？

□現職是什麼？目前為止做過哪些工作或兼職？

□現在任職於哪個產業？

階段二

找出喜歡的事物

☐放假時常做哪些事？

☐有想一看再看的電影嗎？

☐現在是否有學習什麼事物？

☐現在有參加運動或同好社團嗎？

☐有特別喜歡的品牌嗎？

☐有代步工具（機車、汽車等）嗎？

☐最常在哪裡購物？

☐最喜歡哪家餐廳？

☐經常使用什麼電腦軟體或作業系統？

☐喜歡閱讀哪種類型的書籍？

☐目前為止去過哪些國家或地區？

階段三

找出真正喜歡的事物

☐有沒有從小持續到現在的事？那是什麼？

□覺得與他人交談開心嗎？

□你曾被周遭的人稱讚嗎？

□什麼事物會讓你不知不覺全心投入？

□如果有一個月的假期，你想做什麼？

□如果不工作也能有收入，你想做什麼？

□你曾開心到廢寢忘食嗎？那是什麼事？

□你有花很多錢也想做的事嗎？

唯有你能辦到的事，便是你的特點

曾經有位業務員問我：「如果我有一台法拉利，這可以算是個人特點嗎？」我的答案是否定的，因為你只要有錢，就能買法拉利。

當有人說：「我想認識擁有法拉利的人」，這不表示非你不可。這句話的重點不在於是否擁有法拉利，而在於喜歡車子、喜歡法拉利的那股熱情。

H很喜歡重型機車，擁有三台改裝重機，甚至參加重機競賽。也許有人認為：「會參加重機競賽的人不多，這種冷門的嗜好有助於提升業績嗎？」

重機競賽要求參賽者持有比賽執照，對一般人來說，再怎麼喜歡重機，參加競賽終究是門檻很高的活動。許多人喜歡重機，但從未騎過競賽跑道，因此會對

H的經歷感到相當好奇，想知道他參加比賽的感受，H便利用這個特點讓業績一飛衝天。

當H遇見對重機有興趣的人，會向對方提議：「想不想實際體驗競賽跑道？我可以載你喔！」對喜歡重機的人來說，這簡直是無法拒絕的誘惑。如果對方表示有興趣、想體驗看看，H會補上一句：「我們一起去兜風吧！不過回程可以聽我聊聊保險嗎？」

H載著客戶在賽道上奔馳，回程順道招攬保險，成功簽下不少契約，不到半年就成為公司的業績冠軍。據說，最近還有人不斷向他提出要求：「請讓我體驗在賽道上奔馳的感覺」，他的客戶也越來越多。由於H找到只有自己能做到的事，才會有今日的成績。

正因為是喜歡的事，應該更清楚如何運用它來取悅別人。請各位把個人特點當作只有自己能做到的事，向客戶提供服務。

特點的最大功用，在於消除客戶的不信任感

為什麼善用個人特點就能成為頂尖業務員？人們在購物消費的過程中，可能會因為以下的「四不」而阻礙交易。

①不信任（無法信賴）
②不需要（不必要）
③不適合（不適合自己）
④不緊急（目前不需要）

這四不當中，最大的阻礙是不信任。換句話說，**業務之所以無法順利進展，七成以上的原因在於缺乏信任**。保護自己、免於他人攻擊是人的本能，對方一旦覺得你是敵人，便會產生戒心，拒絕敞開心房。

當客戶認為你可能強迫推銷、把客戶當肥羊，即使你絲毫沒有這種想法，他們仍會產生不信任感，並認定你是喜歡強迫別人的業務員。此時，無論推銷的商品多麼優秀，對方都會拒絕相信你說的每句話。

既然如此，該如何打破這道牆？答案很簡單，就是**跟客戶聊喜歡的事，讓他們放下戒心，其中最大的關鍵在於是否擁有個人特點**。

過去，我曾經只和某位社長聊他最愛的車子和手錶，對方便買下四張保額一千萬日圓的保單。據說這位社長很難相處，無數業務員都吃過閉門羹，即使有機會見他一面，聊五分鐘就會被下逐客令。

我跟這位社長見面前，已經耳聞許多關於他的事蹟。我認為五分鐘的會面難以談到正題，於是決定隻字不提保險。

我走進社長辦公室後，第一句話便問他停在公司門口的名車：「社長，一樓那輛車是豐田跟奧斯頓．馬丁（Aston Martin）的聯名車款吧？」

社長聽到這句話馬上對我說：「你很懂嘛！」接著露出笑容，興致高昂地跟我聊起車子，過了五分鐘，仍沒有停下來的意思，最後我們整整聊了一個小時。當我打算回去時，社長問我：「對了，你來找我有什麼事嗎？」

我回答：「其實我是來談保險的事，不過聽說已經有許多業務員來找過您，我下次再來拜訪。」社長聽完我的話後，爽快地說：「你下星期再來一趟，記得帶保險企劃書來。」

當我隔週再度拜訪時，在辦公大樓前看見仍在試作的電動車。我壓抑不住內心興奮的情緒，一走進社長辦公室就說：「社長，一樓的電動車是您上次提到的那輛吧？」社長看起來很高興地說：「你上次不是說想試乘看看嗎？」這天，社長的笑容比上星期還燦爛。

聊天途中，我們從車子的話題，很自然地聊到社長當天佩戴的手錶，不知不覺聊了一個小時，當我心想：「看來今天還是無法談到保險的話題」，並準備打道回府時，社長突然說：「讓我看看保險企劃書。」

我急忙將企劃書遞給社長，社長當場看了看，便請每位董事在合約上簽名。我從未向他詳細說明商品，卻成功簽訂合約。

我只是跟社長聊喜歡的東西，便贏得他的信任，因為我知道他對什麼感興趣，而這恰巧就是社長的判斷依據。他認為我是個理解他興趣的知音，因此推薦的商品不會有問題。**我只是做了一些準備，就獲得如此大的成果，這是身為業務員才能享有的成就感。**

如何不斷製造與他人交流的機會？

我認為業務的工作是跟信任自己的客戶往來一輩子，並和那些**擁有相同特點的人產生共鳴、建立永久關係**。這是消除壓力，而且得以讓業績穩定成長的最佳方法。

但是，也有人懷疑：「只要興趣相投，顧客就會想買我的東西嗎？」我懂各位心中的不安，讓我們再看其他的例子。

假設你很喜歡打高爾夫球，週休二日一定會去高爾夫球場，而且每次都打兩輪。如果高爾夫球場規定兩人才能下場，而你總是一個人前往，那麼一定會跟另一個人一起打球。如此一來，一年可以結識將近兩百位朋友。

這些朋友當中，如果有一〇％的人能成為客戶，一年等於可以招攬到二十位新客戶，不覺得這相當厲害嗎？

被譽為保險之神的傳奇業務員托尼．戈登（Tony Gordon）曾說：「一個人往生時，平均會有兩百五十人來參加葬禮。」由此可見，一年認識兩百位朋友是多麼驚人的事。

❖結識朋友的朋友，創造大量潛在客戶

也就是說，一個人平均會結識兩百五十位普通朋友，假設這些人當中，每個人也結識兩百五十位朋友，你的潛在朋友人數就高達六萬兩千五百人。如果這六萬兩千五百人中，每個人又結識兩百五十位普通朋友，數量會相當驚人。

當然，這些人不見得都會對你的個人特點產生共鳴。不過，假如在這兩百五十位朋友中，你跟其中十人的關係特別好，將這十人的普通朋友算進去，至

對你的特點有所共鳴的人數

假設每個人有 250 位普通朋友

如果連普通朋友的普通朋友都算進去，你可能結識的朋友人數為：

250 人×250 人＝62,500 人

➡如果只專注於自己的普通朋友，並假設 10 人中有 1 人對你產生共鳴，可能成為客戶的人數為：

250 人×10%＝25 人

➡如果專注於普通朋友與他們的普通朋友，並假設 10 人中有 1 人對你產生共鳴，可能成為客戶的人數為：

62,500 人×10%＝6,250 人

⬇

越努力培養個人特點，會有越多的客戶與你產生共鳴！

少也有兩千五百位潛在客戶。

即使這兩千五百人當中，只有一〇%的人對你的特點產生共鳴，你也能開拓出兩百五十位新客戶。如此一來，只要利用自己的個人特點鎖定客戶，即使沒有成交，也能確保客戶數目。

掌握一個關鍵，才不會讓對方覺得你別有用心

活用個人特點需要一點小技巧。假設你的特點是高爾夫球，跟客戶見面時，可以不經意地提起自己最近迷上高爾夫球，試著打開話匣子。

接下來，請仔細觀察客戶的反應，如果他表現得不感興趣，今後便不需要再次提起。但若對方興致盎然地說：「這樣啊！你打幾桿？」則表示他對你的個人特點產生共鳴，這時只要繼續聊高爾夫球的話題，便能炒熱氣氛。

即使先聊工作上的事情，也可以說：「公事就談到這裡，我們來聊聊高爾夫球吧！」將高爾夫的話題當作對話的結尾。

❖讓客戶劃清興趣與工作的界線

當你們結束歡樂的對話，並且準備收尾離開時，你可以對客戶說：「今天很開心能與您聊天，下次再讓我跟您談談保險」，以此預約下次見面的時間。此時要特別注意，必須讓客戶清楚分辨：工作與興趣是兩件不同的事情，對方並非為了工作，才刻意聊起興趣。

當你利用個人特點與客戶熱絡地聊天，只要對方沒有主動開口要求，接下來都不宜再聊工作。這個原則非常重要，客戶好不容易對你的特點產生共鳴，若你再將話題轉回到工作，只會讓人覺得：「原來是為了工作才跟我聊這些！」

舉例來說，在高爾夫球場上，你難免會與他人聊起工作情況，若有人詢問：「請問你從事什麼工作？」可以誠實回答自己是保險業務員。即使對方接著問：「你都賣什麼樣的保險呢？」也不能誤以為他們對商品感興趣，立刻開始介紹商品。你最好淡淡地說：「下次再找機會聊聊工作上的事吧！」把話題拉回高爾夫球或其他與工作無關的事。

不用擔心就此流失難得的機會，只要能以個人特點與對方交心，更好的機會將接踵而至。簡而言之，請各位切記：**先與客戶建立信賴關係，再談公事**。此外，要時時留意對方的反應，避免他們產生不信任感。

自己的特殊經歷，是拓展業務的有利元素

我經常告訴培訓課程學員：「個人特點就是你喜歡的事物」，但有人會說：「我沒有喜歡到沉迷地步的事物」。這些人雖然對一些事情有興趣，還是找不到自己的個人特點。

然而，這世上每個人都有個人特點，你可以分析自己的特色，再由此創造出獨一無二的特點。一旦開始行動，異於常人之處或是任何特殊經驗，都能發揮強大的作用。

❖找不到個人特點，先從出生地著手

我認為最典型的範例是出生地。很多人應該都碰過他鄉遇故知的情況，像是：「聽您的口音是鹿兒島腔吧？其實我也是鹿兒島人……」，因為親近感而與對方相談甚歡。

如果在東京、大阪等人口眾多的地區出生，難以產生親近感，怎麼辦呢？此時可以把地區縮小，例如東京世田谷區的太子堂。如此一來，便能瞬間拉近彼此的距離，同鄉情誼也會油然而生。

此外，擁有相同母校也是很棒的橋樑。我在銀行任職期間，許多人僅因為與上層決策者畢業於同一所大學，便獲得執行企劃案的機會，或是被調到心儀的部門。人們只要發現自己與對方有共同點，就會產生安心感和親切感。如果這個共同點只有少數人才有，羈絆會更加強烈。

前陣子，某個培訓課程學員用親身故事證實，異於常人的經驗有多麼強大。

J是某家建設公司的老闆，一直苦於無法拓展客源而向我訴苦，我也一直思考如何幫助他突破難關。某天聊天時，J提到他哥哥年輕時，是當地知名飆車族的老大。

我馬上建議他善用這條人脈，於是他鼓起勇氣找哥哥商量，並拜訪哥哥以前的朋友。他與這些人見面後，隔週便拿到不少合約，對方紛紛表示：「你是〇〇大哥的弟弟啊！你哥哥以前很照顧我。」

其實，只要仔細分析自己或旁人的經歷，就可以發現許多特點，它們都是拓展業務的有利元素。

擅長炒熱氣氛討人歡心，可以為你招來貴人

接下來，我想向各位介紹助理導播H的故事。

我認識H時，他才二十幾歲，總是笑得很靦腆，每次問他有沒有喜歡的事物，他總是答不出來。

有次我問：「H的特長是什麼？」他突然對我說：「我沒有特長，只會對有身分的人物逢迎諂媚、拍馬屁。」

我聽聞後嚇了一大跳，沒想到他擁有如此強大的個人特點，便對他說：「這個特長很棒啊！表示你很清楚別人的優點，不妨把這個當作你的特點多加利用吧！」

一直以來，H認為拍馬屁、逢迎諂媚是丟臉的行為，看到我強力稱讚，他雖然有些難以置信，但之前的苦惱全部煙消雲散。後來，H只要被前輩或上司點名參加各式活動，一定會出席，並負責炒熱現場氣氛。

幾年之後，H年滿三十歲，突發奇想決定成立模特兒和演員的經紀公司。過去很照顧H的前輩和上司，都熱心地幫他介紹客戶。由於工作不斷上門，H經營的公司很快地步上軌道，業績也順利成長。

如果H一直認為拍馬屁、逢迎諂媚很丟臉，而討厭這些行為，就不可能受到眾人幫助。**H冷靜地把拍馬屁和諂媚當成個人特點，並且樂在其中，因此才能贏得眾人好感，創造豐碩成果。**

懂得善用強項，幹勁和生產力將提升6倍！

美國某份研究報告指出，**一個人如果沒有善用他的強項，工作幹勁和產能就只剩下原本的六分之一**。本書提到的個人特點也是一種強項，業務員如果沒有善用特點，便只能發揮六分之一的實力。

懂得善用個人特點的業務員充滿自信和希望，會寬容地對待他身邊的人，像是客戶、同事等。前言中提到的前職業網球選手，就是透過這個方法，促使業績大幅成長。

還記得那位前職業網球選手向我諮詢時，業績排名一直是吊車尾，他絕望地說：「我實在很厭惡這份工作，每次站在客戶面前，都不曉得該說什麼。」我對他說：「先忘記自己是業務員，只要全心全意打網球就好。」他聽完後，開心地加入住家附近的網球俱樂部，每天都去打球。

由於他曾當過職業網球選手，球技本來就比一般人優秀，過了一陣子後，俱樂部的其他會員都向他請教網球技巧，於是順勢開始教授網球。後來，甚至有學生主動想付學費，但他任職的公司禁止兼職，因此他一一婉拒。

當學生煩惱著該如何答謝，突然想起網球老師是保險業務員，紛紛心想：「既然都要買保險，不如跟老師買！」從此以後，他不再缺業績。

那位前職業網球選手只是到網球俱樂部打球，並在眾人要求下開始教球，結果不但成交率上升、收入增加，現在甚至是年收四千萬日圓的超級業務員。

然而，前陣子他又來找我諮商，說他的業績拉不上來。眼前的他氣色很差，看起來悶悶不樂，我擔心地詢問最近發生了什麼事，原來他手臂受傷，漸漸不能再打網球。

我想起與他初次見面的情景，這中間的改變讓我忍不住笑了出來，我對他說：「你真的是職業選手，一旦不能打網球，成績就一落千丈。」

各位看到這裡，應該知道個人特點的厲害之處。這位前職業網球選手原本極度厭惡業務工作，後來卻對工作樂不思蜀，這就是特點具有的力量。而且由此可知，特點的效果不只反映在客戶身上，也會反映在當事人身上。

與其拚命改善弱點，磨練特點更加重要

截至目前為止，許多來找我諮商的業務員，都很認真地強化自己不拿手的技能，努力提升整體能力。

有些人一見到客戶，會緊張到說不出話，因此拚命學習如何在眾人面前做簡報。有些人介紹完商品後就詞窮，因此努力鑽研閒聊的技巧，甚至報名參加增強溝通力的課程。

但是，如此努力的結果，只是把精力擺在照本宣科的技巧上，再怎麼模仿別人說話，也無法展現出個人特色，真的相當可惜。當然，努力解決問題的心態彌足珍貴，**只要能找到個人特點，根本不需要拚命改善自己的弱點**。

❖個人特點的光芒，覆蓋弱點與不足

接下來要向各位介紹K的故事。K在高中時曾經參加甲子園比賽，一心一意想成為職棒選手，卻沒有任何球隊邀請他，畢業後只好到一般公司當行政人員。然而，K在公司諸事不順，每件事都做不好，總是惹前輩生氣，工作不到一年便離職。

K高中時期的棒球社教練很擔心他，於是來找我。我介紹業務員的工作給K，並傳授善用個人特點的方法。他以棒球作為個人特點，馬上獲得不錯的成果。K高中棒球社學弟是某球隊的簽約球員，如今該球隊的每個成員都向K買保險，使他的業績一下就衝到全日本前十名。

某天，K詢問我關於複利的問題：「年利率明明是二%，為什麼二十年後會變成四八%呢？如果年利率一．一%，不管過多久不是都會維持相同金額嗎？」

聽到K這麼問，我嚇得啞口無言，他雖然在金融界上班，卻完全不懂複利結構，我不禁疑惑：「你不懂複利還能把保險賣得這麼好，難道客戶從來沒詢問過相關問題嗎？」

當他問這個問題時，我非常懊悔，覺得自己應該更早發現才對。不過我也深刻體悟到，即使K有這麼明顯的弱點，但由於擁有強烈的個人特點，還是能創造佳績。因為客戶是基於K這個人才購買商品，並不是為了商品而消費，這件事讓我重新體認到特點的能量有多麼強大。

假意迎合客戶的喜好，反而導致信用破產

在培訓課程上，不少學員會問我：「必須與顧客聊他喜歡的東西，才更容易產生話題嗎？」我經常告訴他們，如果顧客的喜好與自己相同，當然能透過這個機會增長知識或經驗，但絕不要為了提升業績，勉強配合他們聊自己不感興趣的事，因為奉承只是做表面，對方一定會感受到你並非真心。

當客戶發現你是為了成交而假意迎合，會產生不信任和厭惡感，最後便疏遠你。某位業務員明明對高爾夫球毫無興趣，卻因為覺得對業績有幫助，而開始打高爾夫球，但總是記不住規則和禮儀。

由於那位業務員並非真心想增強球技，與客戶一起打球時，不但無法取悅

對方，反而經常惹對方生氣。對喜愛高爾夫球的人來說，球場應該是個舒適的場所，但那位業務員總是把氣氛搞得不安寧，甚至發生一件相當離譜的事。

修補果嶺的球痕是高爾夫球的禮儀之一。果嶺球痕指的是當球落到果嶺，表面會形成下陷的凹痕。一般人打完球後，會用果嶺叉將土或草往凹陷處擠壓，以補平凹痕。然而，那位業務員沒有這個習慣，總是無視果嶺上凹凸不平的痕跡，自顧自地繼續往前走，客戶看到他的無禮行為後非常憤怒，甚至當場解約。

有一次，我與球隊在棒球場練習時，某位男性突然來找我，表示有話想對我說。談話時，那名男性竟然對著選手心目中神聖的球場吐口水，那個瞬間我便確信：自己不可能與這個人成為好朋友。

再怎麼裝模作樣表現出喜歡某事物的樣子，終究會露出馬腳，一旦露出破綻，對方會頓時大感不悅。如果你與客戶擁有相同喜好，可以開心地一同討論，如果雙方的興趣不一致，你只要老實坦承自己不太懂，再尋找其他共同點即可。

前言中提過某位連續六個月業績掛蛋的業務員，她不會刻意迎合客戶喜好，而是把自己的意見如實傳達給對方，因此業績長紅。她非常喜歡在餐廳或居酒屋，邊喝酒邊吃東西，時常感嘆：「如果我業績再好一點，就可以到更多餐廳享用美食了。」但因為業績不好，只能忍住想吃美食的欲望。

正好我認識某位經營飾品公司的社長，他為了讓產品更符合市場需求，希望能聽聽年輕女性的意見，於是我便將熱愛美食的業務員介紹給那位社長。在兩人會面前，我再三提醒，一定要邀請其他女性友人一同前往，而且不要聊和工作有關的事。於是，她們真的隻字不提工作，誠懇又謹慎地回答社長的提問。

那位社長相當開心能邀請她們吃飯，並在用餐結束後詢問那位業務員：「對了，妳從事什麼工作？」她回答：「我是保險業務員」，並緊接著說：「下次有機會再聊工作的事吧」，馬上結束這個話題。

沒想到，社長竟然說：「那麼，下次邊吃飯邊聊工作的事」，並預約下次見面的機會，最後順利成交。由於那位業務員提供許多珍貴的意見，後來社長還介紹其他有相同需求的社長給她認識。

如果那位業務員一心想拿到契約，順著社長的話開始介紹工作，便難以建立信賴關係。社長與她相處後，認為她值得信賴，才會介紹給別人。

實際上，善用特點的首要原則，就是讓自己成為值得信賴的人。**如果為了配合對方而做不想做的事，甚至刻意捏造虛假的個人特質，最後只會信用破產**。請絕對不要有這樣的想法。

如何在既有客戶身上提高業績？

培訓課程上，常有人問我：「我是定點巡訪的業務員❶，不可能只跟有共鳴的人談工作，該如何運用個人特點來提升業績呢？」

定點巡訪業務員是接替工作的承辦人，常面臨各種交流上的問題。由於這類業務員並非最初開拓業務的首要人物，通常難以與客戶有深入交流，必須跟對自己毫無興趣、不抱好感的客戶往來，實在不容易。

一般來說，只要重點客戶喜歡你的個人特點，就沒有任何問題。但是，現實世界中很難有這麼幸運的巧合。

我在銀行任職時，負責既有公司客戶的定點巡訪。我想根據經驗告訴大家，

即使是定點巡訪，也可以只跟與你產生共鳴的人談業務，但若想達成此理想，首先必須改變想法。

假設某位客戶不認同你的個人特點，沒看出你身上的價值，不論你怎麼主動提出話題，對方也只敷衍地回答：「是嗎？原來如此」，甚至說出：「之前的承辦人一定懂我的想法」、「以前那位業務員會給我這樣的折扣」。

如果客戶一直像這樣惡意比較，不肯拿出誠意往來，真的是一件煎熬的事情。此時，業務員根本很難提起勁工作，更不用說讓業績成長。

但如果換個角度思考，或許能扭轉情勢。

假設你一個月必須維持五百萬日圓的營業收入，不妨換個心態與策略：即使只在某家公司拿到五十萬日圓也沒關係，對於不足的四百五十萬日圓，可以找其他與自己價值觀一致的客戶共同分擔。如果能善用這個策略，不僅不會使業績下

---

❶ Route Sales，也稱為巡迴推銷員。

滑，還可能讓成交率上升。事實上，不少業務員便是透過個人特點與客戶往來，讓自己的業績更好。

S是塑膠原料公司的業務，他的前任業務員深得公司最大客戶的喜愛，但自從他接手後，營業額便大幅下降。S剛好在此時參加我的培訓課程，課後決定活用自己的好歌喉爭取業績。他積極出席客戶的每場迎新或尾牙，並且大方地上台唱歌，努力炒熱氣氛，現場所有人都樂在其中。

不久之後，S擁有好歌喉的事蹟漸漸傳開來，也贏得好口碑，不少公司社長還會親自聯絡他：「續攤你也要來喔！」甚至把他叫到第三次續攤的小吃店，與眾人同歡。

S博得許多公司的喜愛，因此拿下不少契約，即使失去前任業務員負責的最大客戶，營收也絲毫不受影響，因為他創造出絕佳的業績。

定點巡訪業務員的主要工作之一，是確保負責區域的整體業績。也就是說，只要能取得成績，不論業績來自於哪家公司都無妨。當然，難免有些客戶與自己不合，導致業績下滑，這也是無可奈何的事。此時，應該把時間花在與自己有共鳴的客戶身上，只要不放棄，一定會遇到與你產生共鳴的客戶，成為你主要的業績來源。

放下主力客戶的業績需要相當大的勇氣，但如果對方無法對你的個人特點產生共鳴，也難以促成亮眼成績。把業績集中在話不投機的客戶身上，其實是非常危險的行為，而同時擁有多家對你抱有好感的客戶，才可能使業績成長。如果渴望安定，更必須與客戶好好溝通。

此外，定點巡訪業務員的優勢，在於能拜訪原本已建立信賴關係的客戶，不需要額外花時間開拓新客源。利用這個優勢，再加上巧妙運用個人特點，便是找到客戶的最佳捷徑。換句話說，正因為是定點巡訪業務員，只要有效率地利用個人特點，更容易展現成果。

重點整理

- ☑ 業務員的首要之務並非推銷商品，而是贏得客戶信賴。
- ☑ 只要善用喜歡的事物，就能輕鬆讓業績成長。
- ☑ 業務之所以無法順利進展，七成以上的原因在於不信任業務員。
- ☑ 越努力培養個人特點，產生共鳴的客戶越多。
- ☑ 先透過個人特點與客戶建立信賴關係，再談公事。
- ☑ 人們如果沒有善用強項，只能發揮六分之一的幹勁和產能。

編輯部整理

Note

/ / /

業務員最該做的事，就是埋頭苦幹所有該做的事，為世界和人們貢獻。在這個過程中，錢財會主動上門，而你可以實現願望，做自己想做的事。

第3章

我把業務分成6等級，你在哪一級？

依據接洽顧客的態度，業務員分成6個等級

想要提升業務能力，除了找出個人特點，確實掌握自己屬於哪個等級的業務員也很重要。

一般人總是將業務員想得很簡單，認為只是向顧客推銷商品，但實際上，推銷方法會根據業務員的等級而有所不同。為了將個人特點的效果發揮到極致，必須知道自己現在的等級，以及目前採取的推銷方法。

我根據自己近二十年的業務經驗，以及至今接觸過的六千名業務員狀況，透過反覆分析，將業務員與客戶的相處模式分成以下六個等級。

等級①：越做越惹人厭的**衝衝衝業務員**

等級②：以量取勝的**行動派業務員**

等級③：為了客戶而行動的**付出型業務員**

等級④：不求回報的**諮商型業務員**

等級⑤：被當成明星看待的**圈粉業務員**

等級⑥：被奉為教主愛戴尊崇的**神級業務員**

一般業務員會從等級一的衝衝衝業務員往上爬，最終目標是進化成等級六的神級業務員。只要身為業務員，一定處於六等級中的某個位置，沒有例外。

不過，有些人同時扮演衝衝衝業務員和行動派業務員，在兩個等級之間遊走。有的人雖然升上等級三的付出型業務員，不久後又退回等級二的行動派業務員。接下來，簡單介紹業務員的六個等級，以及各自的特徵。

業務員的六個等級

以下等級的業務員都需要犧牲某些事物，以求業績成長。

等級① 衝衝衝業務員

特徵：強迫推銷自己想賣或非賣不可的商品。

問題：越努力推銷，越惹顧客討厭，於是自己也變得討厭工作。

等級② 行動派業務員

特徵：為了提升業績，一味地約許多顧客見面。

問題：沒有屬於自己的時間，內心承受極大壓力。

等級③ 付出型業務員

特徵：對顧客施予恩惠，換取業績成長。

問題：雖然深得顧客喜愛，工作漸漸不吃力，但忙碌程度依舊沒變。

以下等級的業務員擁有自由時間，並因為善用個人特點而樂在工作，業績扶搖而上。

等級④ 諮商型業務員

特徵：為客戶解決困擾難題，不求回報。

問題：沒有。即使不推銷商品，客戶數目也會自然成長。

等級⑤ 圈粉業務員

特徵：深得客戶信任，對方會無條件購買商品。

問題：沒有。不過，必須獲得顧客高度信賴，才能達到這個等級。

等級⑥ 神級業務員

特徵：客戶成為信眾，無論如何都會強力支持。

問題：沒有。但並非任何人都能達到這個境界。

不論是什麼複雜情況，每個人都是從等級一開始，朝向等級二的行動派業務員前進，並依照順序升級，最後達到圈粉業務員，甚至神級業務員的地位。

各位現在位於哪個等級？對自己的工作立下什麼目標呢？為了活用個人特點，輕鬆達成業績目標，請記住業務員的六個等級和特徵。

95%的業務員都無法突破第3等級！

上一節簡單介紹業務員的六個等級，這一節將詳細地說明。

❖等級① 衝衝衝業務員

衝衝衝業務員總是強迫推銷自己想賣或必須賣的商品，即使嘴上沒有明說，也表現出希望對方快點買的態度，用無形的壓力要脅顧客。

也許有人會想：「我沒有這麼強硬地銷售啊！」實際上，有五〇%以上的業務員，都屬於衝衝衝業務員。

一般來說，業務員只要上過培訓課程，對商品知識有一定程度的理解，就會立刻被推上戰場。因此，多數人認為業務工作就是推銷公司指定的商品，一味地表現出衝衝衝業務員的行為，結果越推銷越惹顧客討厭。

惡性循環之下，許多衝衝衝業務員開始質疑自己的能力，進而討厭工作，甚至產生辭職的念頭。

❖ 等級② 行動派業務員

行動派業務員的工作理念是，拚命找顧客洽談，期望提升業績，但是幾乎都複製衝衝衝業務員的工作模式。最後可能得出兩種結果，大多情況是繼續惹人討厭，導致願意會面的客戶越來越少，而少數幸運的業務員能取悅特定客戶，找到自己的獨家推銷方法。

為了提升業績，行動派業務員會犧牲私人時間，盡量多拜訪顧客，並勉勵自己：「沒關係，這一切都是為了工作。」在所有業務員當中，行動派業務員大約佔三〇％。

❖等級③ 付出型業務員

行動派業務員總是馬不停蹄地開發新客戶，內心始終存在著「一定要找到下一位客戶」的想法，而一直對自己施加壓力。因此，他逐漸產生想要打破現狀的念頭，進而升級為付出型業務員。

如果他在行動派業務員的等級已認識許多顧客，就會領悟到：幫顧客解決煩惱或困擾，會有更高的機率拿到訂單。於是，他開始將注意力放在如何取悅顧客，並立刻採取行動。這就是付出型業務員的推銷方法。在所有業務員當中，大約一五％的人屬於這個等級。

綜合以上數據，有高達九五％的業務員都處於前三個等級。

❖等級④ 諮商型業務員

當你開始不在意是否賣出商品，只因為能幫上客戶而感到開心，表示已經進階為諮商型業務員。

成為諮商型業務員後，幾乎不會有推銷商品的念頭，而是不求回報地傾聽客戶煩惱，解決他們的困擾。贏得客戶的信賴後，自然可以使業績蒸蒸日上。在所有的業務員當中，諮商型業務員大約佔三％。

❖等級⑤ 圈粉業務員

在所有業務員當中，圈粉業務員或神級業務員都佔不到一％。簡單來說，圈粉業務員可說是偶像級的業務員。

當偶像在社群網站發文，表示自己是某商品的愛用者，粉絲便會跟著購買。

同樣地，若身為圈粉業務員的你開口推薦：「這個商品不錯！」客戶就會相信那是好商品，深信不疑地掏錢購買，這就是圈粉業務員的威力。

如果想晉升到這個等級，必須與客戶建立穩定的信賴關係。換句話說，一步一腳印地與客戶培養長期往來的關係，才能爬到這個地位。

❖等級⑥ 神級業務員

神級業務員和圈粉業務員的銷售手法乍看之下幾乎相同，但客戶類型截然不同。進入神級業務員的等級後，過去累積的粉絲變成信眾，不管發生什麼事都會全力支持。

如果以藝人為例，矢澤永吉和長渕剛相當於神級業務員，這兩位大人物很少在雜誌或廣告等媒體亮相，而且不常舉辦演唱會，但只要推出新曲一定大賣，周邊商品也同樣熱銷。他們沒有將全部心力放在演藝活動上，卻擁有一路支持的忠實粉絲，這就是神級業務員的專利。

不過，即便立志成為神級業務員，也未必能達成目標，因為神級業務員除了要跟客戶建立深厚的信賴關係，還要對銷售的商品或工作充滿熱情。唯有人格特質與眾不同，或是具備個人魅力的人，才能成為神級業務員。

如果以這六個等級作為基準，並且持續努力，相信你也能體會到業務工作的趣味。確實理解自己的等級後，列出想要往上升級的理由，業務員這份工作將會變得越來越有趣。

第4等級「諮商型」，是每個業務員的基本目標

每位業務員一開始都屬於等級一的衝衝衝業務員，但不一定要把最終目標設定為等級六的神級業務員。各位可以依據自己想要的生活型態，決定要成為哪個等級的業務員。基於不同的目的，最後會抵達不同終點。

我常在培訓課程上問學員：「你現在的目標是什麼？」不少人回答：「我想賺到一千萬日圓。」如果善用個人特點，即使現在處於衝衝衝業務員的等級，不只能賺到一千萬，也可能賺到數千萬甚至一億日圓。

很遺憾的是，從衝衝衝業務員、行動派業務員到付出型業務員，這三個等級的業務員為了賺錢，必須做出極大的犧牲。

舉例來說，衝衝衝業務員為了讓顧客購買商品，而努力說服，卻容易被大多數顧客拒絕。也就是說，越賣力工作，身心越疲憊。

行動派業務員透過與大量顧客會面來達成業績，因此更加忙碌，甚至犧牲與家人共處的時間，幾乎沒有私生活可言。

進入付出型業務員的等級後，終於可以擺脫發掘新客戶的壓力，但是只靠付出來創造業績，勢必花費更多時間。直到成為諮商型業務員後，才能稍微從推銷商品的辛勞中脫身。

說得極端一點，你即使身穿老舊的運動服，騎著破爛的速克達機車代步，只要能為客戶提供諮商，想要賣的商品仍然會暢銷。

你可以做自己喜歡的事，同時幫客戶解決問題，這些將變成實質的銷售數字。如此一來，你逐漸忘記自己正在工作，不僅能獲得理想收入，還多出許多自由時間。我認為，**所有業務員都應該以諮商型業務員作為目標**。

業務員最該做的事情，就是埋頭苦幹所有該做的事，為世界和人們貢獻。在

付出型業務員與諮商型業務員的差異

付出型業務員

・努力找出對顧客有利的事，給予顧客協助。

➡需要花費龐大的時間與精力

諮商型業務員

・客戶主動來找你諮詢問題。

➡努力當客戶的貴人，只在必要的時候推銷商品。

↓

每位業務員都應該以諮商型業務員作為目標

這個過程中，錢財會主動上門，你可以實現願望，做自己想做的事，這才是業務工作的樂趣所在。進入諮商型業務員的等級後，便能體會箇中滋味。

如果想晉升為諮商型業務員，大前提是必須加強諮商能力，因此要經常為客戶著想，努力增加自己能做的事。這裡提到的諮商能力，並非促進企業發展的業務工作，而是徹底活用個人特點來幫助他人。

想要逐步進階，必須達成各個等級的任務

各位的前輩、上司或是講座的講師，應該都曾說過：「如果能幫上客戶的忙，業績自然會成長。」這個說法千真萬確，但想要達成這個結果，切記不要弄錯自己的等級。

如果你的等級是付出型業務員或是諮商型業務員，只要能為客戶著想，全心全意地幫忙他們即可。但是，若衝衝衝業務員也採取相同的行動，會是什麼樣的結果呢？

❖業務員等級不同，能為客戶做的事也不一樣

即使衝衝衝業務員滿腔熱血地詢問顧客：「有沒有什麼能幫上忙的地方？」顧客通常會冷漠地回應：「沒有你能幫上忙的事情，以後不用再來了。」為什麼明明做一樣的事，卻會得到截然不同的回應？以下舉我在課堂上常提到的例子，向各位簡單說明。

假設你認識一位很有魅力的對象，第一次見面時就對他說：「有沒有想要什麼東西？我送你！」你認為對方會開心地收下禮物，然後喜歡上你嗎？

實際上，對方恐怕會覺得你很煩，並委婉地拒絕你的好意。但是，如果你已經跟對方見過許多次，經常聊天且一起吃飯，再主動表示要送禮物，對方欣然接受的可能性會提高許多。

業務工作也是一樣的道理。**如果想要幫忙客戶，必須先贏得他們的信任，讓客戶相信：「這個人願意對我伸出援手。」**

隨著業務員等級升級，能為客戶做的事也會有所改變。下一章將詳細介紹各等級業務員的特徵，以及進階的必備條件。請各位先釐清自己該做的事情，並努力達成目標吧！

重點整理

☑ 五〇%以上的業務員屬於衝衝衝業務員，他們越推銷商品，越惹客戶討厭。

☑ 如果想提高業務能力，除了找出個人特點，把握自己的業務員等級也相當重要。

☑ 所有業務員都應該以諮商型業務員為目標。

☑ 如果想升級為諮商型業務員，必須經常為客戶著想，並增強解決問題的能力。

編輯部整理

Note

/ / /

衝衝衝業務員常陷入錯誤的銷售模式，認為必須想盡辦法讓顧客買單，而不認為自己的工作能幫助他人，因此越推銷商品，越意志消沉。

第 4 章

業績始終無法突破？解決 6 問題就克服瓶頸

• 本章寫給等級 1：衝衝衝業務員 •

不論身處哪個等級，特點都是升級的重要助力

本章將從以下各方面，介紹六個等級的業務員，包括心理和行為特徵、容易犯錯的推銷案例，以及如何改變心理和行為才能升級。

本書不斷強調，業績吊車尾的業務員如何利用個人特點，來扭轉情勢，輕鬆創造佳績。不論你現在處於哪個等級，個人特點都是升級的一大助力。

前文提過，九五%的業務員屬於衝衝衝業務員、行動派業務員，以及付出型業務員。各位可以利用左頁的業務員等級確認檢測表，找出自己處於一到六的哪個等級。

測測看你屬於哪個業務等級

請各位閱讀以下三十個題目，並在符合自己實際情況的方框中打勾。根據勾選結果，知道自己如今處在哪個等級。

首先，請確認自己屬於衝衝衝業務員、行動派業務員，還是付出型業務員，然後使自己進化，才能升級至諮商型業務員，甚至進入圈粉業務員或神級業務員的境界。

等級① 衝衝衝業務員

□顧客不願意接電話，或是表現出冷淡態度。

□覺得業務工作很無趣，做得很痛苦。

□顧客經常找藉口推掉邀約。

□上班總是長時間待在咖啡館、按摩中心或電影院。

□推銷商品時會有罪惡感。

□認為會掏錢購買的人才是客戶。

□客戶常說：「好啦！跟你買就是了」、「跟你簽約就是了」。

□認為自己是一無是處的業務員。

□每逢週日傍晚，就會心情煩悶、憂鬱。

□越努力推銷，顧客越少。

等級② 行動派業務員

□口頭禪是：「我很忙。」

□曾被家人問過：「工作和家庭哪個重要？」

□沒事做時，內心會覺得不安。

□行事曆上排得密密麻麻，並引以為傲。

□休假時也在工作。

□經常檢視信箱或通訊軟體有沒有新訊息。

□如果突然必須處理公事，即使與朋友有約在先，也會以工作為主。

□突然發現自己已一年多沒與跟好友見面。

□孩子對自己說：「好久不見。」

□在公司被大家稱為「王牌業務員」。

等級③ 付出型業務員

□看見顧客露出開心表情，自己也會開心，但不想做沒回報的事。

□與他人相處時，經常思考如何讓對方和自己的工作搭上線。

□薪水還不錯。

□常對後輩說：「業務工作的基本是付出。」

□不管聊什麼話題，最後都會走向：「這是一筆生意。」

□經常出席商務交流會。

□一直努力想結識名人。

□常以賺錢很辛苦當藉口，要求家人做家事或其他雜事。

□有時會收到挖角的邀約。

□雖然認為家人很重要，卻很少感謝他們。

★檢測結果

符合 0～3 項　擁有成為該等級業務員的特徵。

符合 4～6 項　很可能是該等級的業務員。

符合 7 項以上　屬於該等級的業務員。

有些人勾選的項目可能集中在某個業務員等級，高達七個以上的項目符合實際情況。有些人勾選的項目可能相當分散，橫跨兩個甚至三個業務員等級，每個等級各有兩至六個項目符合實際情形。

★勾選的項目集中在某個業務員等級

即使符合的項目少於三項，若全部集中在相同等級，很可能屬於該業務等級。如果你已找到個人特點，並學會使用方法，卻始終無法升級，可能是因為你還沒有從該等級的問題中脫身。

★勾選的項目橫跨兩個等級以上

根據我的經驗，不少人符合的項目會橫跨兩個相鄰等級，但幾乎不會看到選項全部集中在等級一與等級三的情況。另外，如果兩個等級的勾選數目相同，請以較低的等級為基準。

瞭解自己屬於哪個等級，才會知道該付出哪些努力，才能達成目標。現在以下一個等級為目標，開始展開行動吧！

發現自己處於衝衝衝業務員或行動派業務員的等級，一時之間或許難以接受，但是請專心提升能力，把這一切當作擺脫困境的必要步驟。

運用個人特點的方式，會根據不同業務員等級而有差異，只要抓到訣竅，就能將個人特點的效果發揮到最大。

接下來，我透過實際案例，詳述運用個人特點的方法，請各位留意該如何改變心理和行為，讓自己更上一層樓。

「衝衝衝業務員」的手段像強迫推銷，讓人倍感壓力

每位業務員都曾歷經衝衝衝業務員的等級，該等級的特徵是靠著氣勢，強迫顧客購買不喜歡的商品。

然而，半數以上的業務員，不知道自己的推銷模式屬於衝衝衝業務員，他們認為業務工作是說服顧客購買商品，而且只會以這種思考模式與顧客對話。不少人根本不認同公司商品，也不覺得這些商品對顧客有幫助，因此每次推銷時，心中都充滿罪惡感。

透過各種手段刺激顧客購買意願，也是衝衝衝業務員的標準推銷方法，例如：利用媒體刊登禮物或優惠訊息、發送試用品、提供打折優惠等。

也許有人會認為：「反正顧客最後還是會購買商品，這些應該不算衝衝衝業務員的銷售手段吧？」但最大的問題在於，這類業務員不知道顧客真正的需求，只是透過各式手段煽動，促使他們購買。

這彷彿對著必須載許多東西上班的顧客說：「您務必要選購這台高級跑車，車子速度快、座位質感高級，坐起來相當舒適。」高級跑車確實性能極佳，但如果考量到載貨量和後車廂大小，高級跑車並不是最佳選項。

衝衝衝業務員還有另一個問題，那就是會向顧客施壓。我認為這種**推銷行為如同威脅行銷，對客戶與業務員本人而言，都是非常糟糕的狀況**。要求別人掏錢買不想要的東西，就像對顧客說：「我現在沒有錢，請給我一萬日圓」，簡直跟惡霸沒有兩樣。

而且，衝衝衝業務員常陷入錯誤的銷售模式，認為必須想盡辦法讓顧客買單，完全不認為自己的工作能幫助他人，因此越是推銷商品，意志越消沉。

問題1：把顧客當成「提升自己業績的工具」

我經常在培訓課程上詢問學員：「昨天你見了幾位客戶？」幾乎所有人都回答兩位或三位。接著我繼續問：「昨天有沒有見到家人？有沒有跟朋友碰面？在公司裡遇到誰？」許多人慌張地回答：「有，我有見到他們。」這時我進一步追問：「為什麼你們只回答兩、三位呢？」

家人、朋友與客戶一樣都是人，但是衝衝衝業務員總是無意識地加以區分。他們認為客戶是會向自己購買商品的人，而將一起度過重要時光的家人或朋友，視為另一個分類。

不少業務員會在記事本或行事曆上，標註當天要見面的客戶姓名，以及約定見面的地點和時間，如果生意沒有成交，則會畫上代表刪除的交叉記號。

乍看之下，這個行為似乎沒有任何不妥，但背後其實藏著一種潛在想法：「沒成交的人不具備客戶的資格。」也就是說，一旦沒取得良好結果，表示和該客戶往來失敗，畫叉的行為就像否定這段關係。

對衝衝衝業務員而言，客戶只是讓業績成長的工具。如果想脫離衝衝衝業務員，必須徹底改變這種想法，因為當你將客戶視為向自己購買商品或服務的人，客戶一定會不經意感覺到這種想法，並且心想：「你是不是要強迫推銷？還是把我當凱子？」因而心生警戒，甚至對你敬而遠之。

只要改變想法，對待顧客的態度也會有所改變，請從現在開始改變想法，真心地與對方相處吧！

問題2：把工作和私人行程，排在不同行事曆

如果**想改變對待客戶的方式，最簡單方法是將客戶當成重要朋友**。如此一來，不會強硬地向對方推銷不需要的東西，即使是他需要的商品，也不會因為自己當月的業績不夠，就硬逼他捧場。

把客戶當成朋友需要一點技巧，那就是將工作和私人行程記錄在同一本行事曆中。而且，這本行事曆不只要寫下與客戶、朋友見面的行程，也要記下與家人共度的時間，因為我始終認為：「珍惜家人的人能以相同態度對待他人。」

接下來，我介紹N的故事。N當年二十七歲，是剛轉職的新進員工，某天會議上，他的手機響起，原來是客戶打電話找他。

客戶向N說：「〇月〇日晚上我有空。」N聽聞後馬上翻開行事曆，快速地回答對方：「好的，那天我只安排與家人共進晚餐，晚上我會去拜訪您」，並訂下見面時間。

聽完這段對話後，我對他說：「你這樣一輩子業績都不會變好喔。」N一臉訝異地回問我：「為什麼呢？如果家人和客戶撞約，難道不是以客戶優先嗎？」

❖以客戶需求為優先，就能留下好印象嗎？

看到這裡，應該有不少業務員認同N的想法，大家都認為只要以顧客的需求優先，便能留下好印象。然而，這個舉動也顯示出該業務員為了賺錢，不惜輕易變更原先的約定。

客戶或許當下會覺得備受重視，但你的行為還會傳遞出另一個訊息：「所作所為全是為了達成交易。」客戶會察覺這個心態並覺得：「跟你買完商品後，我是否就變成毫無利用價值的人？」

我認為不管對方是誰，都必須遵守先來後到的原則。如果遇上家人與客戶撞約的情況，我會直接問客戶：「我那天晚上跟家人有約，可以改約其他時間嗎？」萬一客戶表示只有那天有時間，再向撞約的人確認能否更改時間。

因此，可以試著將私人與工作行程記錄在同一本行事曆上，而且不管對方是誰，都不能任意調整原本的行程，務必以先預定的為優先。如此一來，便可以慢慢改變「客戶等於業績」的觀念。

問題3：只會一直強調超值和便宜……

當我詢問衝衝衝業務員：「為什麼你無法順利成交呢？」他們大多數人會把原因歸咎於商品：「相較於其他公司，我們的商品很普通」、「現在這個機型不受歡迎」。這時我會回答：「你願意和我打賭嗎？如果我明天能把東西賣掉，你們要付我一百萬日圓。」

衝衝衝業務員不僅將顧客當成創造業績的工具，而且將自己推銷的商品當成賺錢的手段，從來不認為是因為商品好，所以想賣給需要的人。

換個角度來看，如果顧客是自己的朋友，你絕對不會推薦他們購買不好的商品。那麼，為了讓他們購買商品，是否應該改賣其他商品，或是跳槽到其他公司呢？我認為完全不用這麼做，因為凡是標上價格的商品都是好東西，世上不存在爛商品。

即使是一粒米，也需要農夫花時間培育，經歷收割、脫殼等繁雜的步驟，最後才能在市面上販售，消費者只需買回家炊煮，便可吃到美味的飯。相同地，儘管只是筆記本的一頁，或是一包衛生紙的其中一張，都相當重要，關鍵時刻如果沒有這一頁或一張，可能會讓生活變得極為不便。

此外，即使市面上充斥各種性能相似的商品，它們一定都具備獨一無二的特徵，但銷售者幾乎都沒察覺到那些價值。**請各位再次徹底確認你經手的商品，一定能找到絕不輸給其他商品的特點**。

如今回想起來，我在銀行任職初期也是位衝衝衝業務員，跟顧客約時間見面時，對方往往以一句「不需要」直接拒絕我。或者，原本預定與顧客談話一個小時，沒想到十分鐘就結束對話，剩下時間只好在咖啡店發呆。

某天，我覺得自己不能再這樣下去，便仔細調查經手的商品內容，最後發現該融資商品相當適合中小企業老闆，便以此作為賣點向顧客推銷。從此，我便自信滿滿地推薦這個商品，終於成功簽約，業績達到全日本第一。

當你相信經手的是好商品，而且能詳細解說它的優點，業績才會蒸蒸日上。然而，我過去只會採取衝衝衝業務員的銷售模式，可說是超級衝衝衝業務員。

也許有人會想：「只要業績好，當超級衝衝衝業務員不好嗎？」這樣的業務員始終採取拚命說服顧客的方式，不論經手多麼優秀的商品，每次都必須充滿熱情地推銷，不但耗費體力、精力，能成功說服的人數也有限。

此外，衝衝衝業務員的顧客通常都是因為單純喜歡、便宜等理由而消費，所以如果有其他更好、更划算的商品，便會毫不猶豫地改變心意。總而言之，只要處於衝衝衝業務員的等級，不論業績多麼出色，都必須拚命開發新顧客。

問題4：說得落落長，無法打動顧客的心

想從衝衝衝業務務員升級為行動派業務員，必須重新找出商品的獨特之處，你可以寫下經手商品或服務的特徵，再試著把它們轉換成顧客認定的價值。請各位思考一下，你認為的特點能否成為顧客眼中的特點？

我在第二章提過，在人們購物的過程中，有「四不」會阻礙成交，分別是不信任、不需要、不適合、不緊急，而其中影響最巨大的是不信任。若想消弭顧客的不信任感，讓他們聽進自己的話，便需要展現個人特點。

相對地，如果想除去顧客認為「不需要、不適合、不緊急」的障礙，則要找出商品的特點。舉例來說，即使商品是支鉛筆，也可以把它的特徵轉換為顧客眼

中的特點，轉換的過程如下：

・筆芯周圍有木材包覆→隨時可削尖筆芯，讓書寫變得更流利。
・鉛筆頂端附有橡皮擦→寫錯字時可以馬上擦掉重寫，橡皮擦以金屬支撐於鉛筆上，不會轉動鬆落。
・鉛筆外側塗成黃色→一眼就能在桌上找到它。

接下來，可以從以上這些特點當中，找出對顧客助益最大的項目，並以此作為賣點推薦給他們，有助於提高成交機率。

再舉個例子。Y是保險業務員，他很喜歡玩線上遊戲，甚至被譽為「神級高手」。Y成立線上遊戲網聚會，經常與擁有相同興趣的網友見面聚餐。某次，Y向一位對保險感興趣的網友解釋保險的特點：

大家都認為買了保險後，無法拿回繳出去的保費，等於白白損失這些錢。但是，本公司的商品會全額歸還保費，而且附加保障。

那位網友也有買保險，經常認為每月繳交三萬日圓的保費很浪費，於是Y將保險的儲蓄功能作為商品特點，成功引起那位網友的興趣，最後甚至向他買保險。由於Y巧妙結合商品特徵與客戶的特點，成為該公司業績第一名的業務員。

許多保險商品不會歸還保費，常令客戶覺得回不了本，因此Y認真思考哪些保險能讓客戶覺得賺到，最後得出「存到錢就不算虧本」的結論。因此，他介紹時便強調「保費全額歸還」的優勢，將此作為保險商品的特點。

問題5：為了不讓人猜疑，刻意隱藏推銷動機

如果想從衝衝衝業務員升級為行動派業務員，必須學習如何在適當時機推銷，因此要掌握自我介紹的機會，在約客戶見面時，便大方地告訴對方：「我是業務員。」

不過，劈頭就說自己是業務員當然會被拒絕。所以，首先要找出商品的價值，鎖定特定目標客戶後再開始推銷商品，像是：「這款家電能幫職業婦女節省做家事的時間」、「我想推薦這款設備給希望節省工廠電費的老闆」。

如果不巧遇到沒興趣的人，當他們直接拒絕時，只要乾脆地結束話題即可，絕不可為了與對方見面，用其他藉口隱藏真正的目的，例如：「我認識一個很棒

的人，想介紹給你」、「我知道有個有趣的活動，要不要一起參加」等。

❖顧客一旦被欺騙一次，便不會再次信任你

某次，有家我曾去消費過的公司邀請我參加獨家活動，並表示現場會贈送特別的禮物。我可以感受到，對方應該是想製造機會，希望我出席商品說明會，但是我到了現場才發現，活動的目的是推銷商品，當下覺得自己被欺騙，從此對該公司留下負面印象。

單純想要禮物的人，拿到贈品後就會打道回府，而多數留下來聽說明會的人會想：「既然拿了人家的禮物，沒有聽他介紹好像有點失禮。」這時商家若開始強迫推銷，就會在顧客心中留下「被逼著花錢」的印象，以後再也不出席活動，嚴重的話甚至不願再購買該公司的商品。最糟的是，顧客可能會向其他人說：「最好不要參加那個活動」、「最好不要買那家公司的商品」，因為**沒有人會輕**

易相信曾經騙過自己的人。

為了不讓事情演變至此，衝衝衝業務員和行動派業務員可以光明正大地說：「我這裡有非常適合您的商品，請抽空讓我為您介紹。」

如果是透過送禮或獨家活動邀請顧客，請不要急著當天推銷商品，而是重新與顧客約定見面時間，告訴對方：「下次讓我們聊聊商品吧！」

談生意要抱持「與模特兒聯誼」的心態

在衝衝衝業務員的心中，工作的第一守則是「把商品賣出去」、「希望有人買」。但是，這種想法越強烈，越容易嚇跑顧客。如果要有效避免這種情況，每次與客戶見面時，可以試著想成正在與模特兒聯誼。

請各位想像一下，如果你參加一個全員都是模特兒的餐會，內心會有什麼想法？應該會打從心底感到開心，並心想：「光是能見到模特兒本人，就覺得很幸運！」

同樣地，對待顧客最好也抱持以下的心態：「顧客願意與我見面，就讓我心存感激」、「非常感謝顧客將他寶貴的時間花在我身上」。然而，這不代表與對方見面時，必須表現出興奮或激動的情緒。

如果你有機會跟模特兒聯誼，應該多少會在內心偷偷期待：「真希望能在他們之中找一個男／女朋友！」也許你會被喜悅衝昏頭，不小心表現出猴急的模樣，但這麼做反而會惹人厭。當客戶看穿你想積極推銷商品的心思，反而會逐漸遠離。

實際上，顧客光是願意跟你見面，就該心存感激。而且，既然他們都抽時間與你會面，不如好好思考自己能做什麼讓對方開心。若能做到這點，便可以從衝衝衝業務員的等級畢業。

問題 6：誇大優點或是隱瞞缺點，如同詐騙行為

有人始終無法從衝衝衝業務員升級到行動派業務員，因為他們抱持著欺騙的想法，我稱之為「詐欺業務」。

詐欺業務總是過度誇大商品或服務的優點，而且在介紹商品時刻意不提到缺點。生活中有許多詐欺業務的例子，比方說，號稱能根治各種疾病的健康食品、拜託熟人給予不實評價的餐廳、宣稱能讓人年輕十歲的保養品，或是主打重訓就會變瘦，實際上卻嚴格限制學員飲食的健身房。這些都屬於詐欺的推銷手段。

當然，某些業務員真心相信自己的商品，並誠摯地推銷給顧客，但更多人故意誇大商品價值、忽視問題，只為了取悅顧客或是希望業績成長。

當你以欺騙的心態推銷商品，可能會使以下兩個問題更加惡化，而它們正是讓你始終卡在衝衝衝業務員的關鍵點。

- **把客戶定位為「只是來購物的人」**
- **從未想過商品或服務對顧客有什麼好處**

我再次強調，如果為了業績而抱持欺騙的心態，絕對無法跳出衝衝衝業務員的瓶頸。

成立群組和社團，聚集對你的特點有共鳴的人

想從衝衝衝業務員升級至行動派業務員，必須重視兩個關鍵：

- **改變對於客戶的定義**
- **找出商品價值**

以下將介紹如何利用個人特點，達成這兩個關鍵，讓自己更快速地升級。你該做的事情只有一項，那就是**找出對你個人特點有共鳴的人，聚集他們成立社團或同好會**。

❖透過社團或同好會，找到志同道合的客戶

M經營連鎖加盟餐飲店，因為迷上鐵人三項運動，經常參加各地舉辦的鐵人三項大賽。時間一久，漸漸和固定參加大賽的班底變得熟識，並利用社群網站成立群組，彼此交流鼓勵。

每次比賽結束後，大家就會以檢討會的名義舉辦聚餐，自然而然地聊到工作。當M表示自己是餐飲店老闆，對開店有興趣的人便會向他請教，甚至加盟M的餐飲店。以前M曾說過，他店裡的營業額大約是三億日圓，現在已經增加到一百二十億日圓。

如果沒有資源舉辦活動，或是成立社群網站的群組，加入社團也是個好方法。熱愛棒球的W便加入社區的棒球隊。

W是汽車進口代理公司的社長，每星期除了打棒球，也會和對車子有興趣的人聊天。之後，越來越多人前來詢問：「可以請W進口那輛車子嗎？」隨著熟客

增加，公司的業績也變得越來越好。

加入能展現個人特點的社團，可以更快速地讓他人對你的特點產生共鳴，有效建立信賴關係。當其他人有需要時，便會找你幫忙。請各位成為能協助他人解決問題的貴人，讓他們一提到你的名字就說：「拜託這個人準沒錯！」

舉辦講座取得學員聯絡方式，年收突破5千萬

衝衝衝業務員認為，如果沒有由自己主動出擊，交易就不會成功。但是，人只要覺得自己被強迫推銷，便會下意識地抗拒。

不過，當業務員不把客戶當成購買商品的消費者，而是看作朋友，大多人會心想：「先來聽聽看他要說什麼吧！」

經過多年觀察，我發現可展現個人特點的社團力量非常強大，而且能組織或加入社團的業務員，毫無例外地得以在短短數月內，創造驚人的業績。接下來要向各位介紹業務員K的故事。

❖透過舉辦免費講座，吸引潛在客戶

業務員K有個不好的習慣，只要看到喜歡的東西，用盡一切手段都一定要買到，即使向人借錢也在所不惜。不知不覺中，他背負了兩百萬日圓的債務，日子過得相當拮据，連房租都快付不出來。

後來他徹底反省，不再瘋狂購物，還清所有債務後，為了學習更多理財常識，便進入保險公司當業務員。後來，K希望能借鏡自己的經驗，幫助其他人聰明理財，於是便開始舉辦理財講座。

第一堂課的學員只有四個人，而且都是朋友們友情相挺，但因為他上課的內容生動風趣，經過口耳相傳後，越來越多人前來報名上課。不過，K在課堂中卻隻字未提保險的事。

課程結束後，K對大家說：「有個別問題的人，可以留下聯絡方式和我聯繫」，並留下學員的電子信箱帳號或電話。等待時機成熟，一個個介紹適合他們的保險商品。K透過這個方式招攬客戶，不到一年，年收就超過五千萬日圓。

聽到這裡，你或許會覺得K是特例，以下再介紹I的案例，她認真審視自己的個人特點，並加以活用後，同樣使業績蒸蒸日上。

❖連「愛睡覺」也可以作為個人特點？

I最愛的事情是睡覺，各位看到這裡是否心想：「再怎麼喜歡睡覺，也很難把它當作特點吧？」一開始I的想法也跟各位一樣，但是她真的很喜歡睡覺，連在培訓課程中也一直想：「有沒有能睡得更久的方法？」

但是無論再怎麼喜歡睡覺，還是無法組成只睡覺的社團，此時I不禁思考：「難道沒有其他同好嗎？」她突然靈機一動，想起曾有大學同學問她：「我想交女朋友，能不能介紹女生給我認識？」

由於I畢業自知名國立大學，認識許多女生，於是她舉辦一場男女各十位的聯誼，並請所有出席的人留下聯絡方式，逐一詢問參加後的感想，最後補上一句：「如果在保險方面有什麼問題，可以來找我。」

I只是做了這些事，一個月後業績便成長兩倍，三個月後更達到五倍。不到半年，I不必再每天到公司上班，業績也能名列前矛，真的可以想睡多久就睡多久。也就是說，喜歡睡覺成為她提升業績的動機。

為何參加同好社團時，絕不能主動推銷商品？

人們很容易對志同道合的朋友敞開心房。然而，千萬不能抱持可以趁機推銷的想法，**絕對不要在同好會的場合談公事**。

然而，即使沒有主動提起工作，只要多見幾次面，自然會聊到工作方面的話題。當他人主動詢問：「你做什麼工作？」此時再大方表明：「我是賣車的」、「我是家具推銷員」即可。

但是，即便有機會表明自己的職業，也請務必馬上轉換話題：「我們今天是來打球的，工作的事下次再說吧。」實際上，當你贏得信賴，不用自我推銷，對方也會主動詢問你工作上的問題。

處於衝衝衝業務員等級時，很容易犯下一個錯誤，那就是急著向社團成員推銷商品。當然，如果對方真的感興趣、你也真心替對方著想，介紹商品或服務也無妨，但千萬不要誤會，即使對方信任你、願意敞開心扉，也不代表對你的商品感興趣。

站在對方立場採取行動，顯示你多麼重視他

各位完成第二章的個人特點檢測表之後，即使順利找出自己喜歡的事物，可能還是覺得創辦或參加社團的難度很高。如果有這樣的想法，不妨多花點時間在自己喜歡的事物上，如此一來便可以一邊深入研究相關知識，一邊累積更多經驗，進一步思考該如何創造特點。

如果現在還未找到個人特點，也可以努力成為他人眼中特別的存在。舉例來說，跟客戶見面時，務必選擇對方喜歡的東西當作伴手禮，即使只是小東西也無妨，最重要的目的是讓客戶知道你有多重視他。

業務工作的本質是取悅客戶，並實現他們的心願，因此別再挑選水果禮盒當

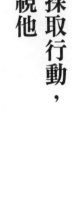

伴手禮，購買對方曾提起，或是排隊才買得到的東西，更能展現自己的心意，反而能讓對方更開心。

我常建議那些找不到特點的業務員，可以製作客戶的Q版肖像畫貼紙，或是在自家公司舉辦活動時，特別製作印有公司 LOGO 的巧克力送給客戶。

有次，我向某位剛拿到大訂單的業務員提議，可以製作客製化 POLO 衫，並在上面印上對方公司名稱和社長肖像，再送給每位員工。那位業務員採用我的建議，當他將成品拿給社長看，社長嘴上雖然咕噥：「誰會穿這種東西？」卻露出相當開心的表情。

後來，我問那位業務員事情的進展，據說社長在尾牙時，要求所有員工穿著那件 POLO 衫出席餐會。像這樣站在對方特點的立場來思考，也是提升業務員等級的方法。

重點整理

- ☑ 九五％的業務員是衝衝衝業務員、行動派業務員、付出型業務員。
- ☑ 衝衝衝業務員最常犯的錯誤，就是將顧客視為創造業績的工具。
- ☑ 想改變對待客戶的方式，最簡單方法是將客戶當成重要朋友。
- ☑ 將私人和工作行程記錄在同一本行事曆中，並以約定時間的順序為主，不因為客戶而失約於親朋好友。
- ☑ 找出對顧客助益最大的商品特點，能提高成交機率。

編輯部整理

Note

/ / /

提高業績的最簡單方法有兩種，分別是擴大單件交易金額、增加交易件數。然而，行動派業務員一味追求成交件數，不會與客戶深交。

第5章

用對時間，能兼得工作與生活品質

• 本章寫給等級 2：行動派業務員 •

「行動派業務員」按照SOP操作，但成交率未必提高

我在前文提過，三〇%的業務員屬於等級二的行動派業務員。相較於衝衝衝業務員，升級到這個等級後業績會漸漸好轉，甚至開始被稱為王牌業務員。為什麼能提升業績？因為他們不再把客戶當成單純的購買者，而是與他們建立超越買賣關係的信任感。

行動派業務員能找出商品價值，並鎖定有需求的客戶，在此過程中，會切實地感覺到「越努力業績越好」，因而竭盡所能地增加與客戶見面的次數。此外，行動派業務員常把「我好忙」掛在嘴邊，因為他們總是將行程從早排到晚。

剛脫離衝衝衝業務員的人，通常比過去更理解客戶的需求，已大致掌握不

同類型的客戶適合什麼推銷方法，也找到最符合自己的銷售模式，因此常使用「SOP銷售法」。由於行動派業務員害怕其他方法會失敗，總是堅持使用自己擬定的SOP來推銷商品。

某位不動產租賃公司的業務員，會依照以下順序介紹物件給客戶。首先，帶客戶看普通的房子，接著再看比較好（希望客人選擇）的房子，最後再去看不受歡迎的物件。這樣一來，大部分的客戶都會選擇第二個物件。

此外，我還聽過有保險業務員，只會將「伴侶過世後可拿到豐厚保險金」的商品，推薦給三十至四十歲的女性，這些模式都可以看作SOP銷售法。

行動派業務員在找到適合自己的銷售法、以及遇到適合該SOP的客戶前，會一直努力行動。他們潛意識認為跟越多人見面，成交比例越高，所以一直使用同樣的模式，讓生活變得越來越忙碌。

這個過程中，業務員會下意識地把客戶視為SOP的一部分。最後變得跟衝衝衝業務員一樣，把客戶當成購買商品的工具。

行動派業務員的特徵

- 認為努力與顧客見面，業績就會蒸蒸日上。
- 確立屬於自己的推銷模式、SOP 與銷售型態。
- 遇到可套用自己 SOP 的客戶之前，會一直努力不懈。
- 行程從早排到晚。
- 認為忙碌是好事。
- 沒有自己的私人時間。

為了不讓這種想法根深蒂固，最好定時提醒自己停下腳步，並確認對客戶的認知程度。事前毫無準備的推銷模式非常危險，好的業務員必須投入時間瞭解對方，多聊聊工作以外的事。

行程滿檔犧牲生活，反而對自己和部屬都沒好處

一般來說，行動派業務員認為忙碌是好事，也有不少客戶喜歡忙碌的業務員，因為「忙碌等於優秀」的印象已深深烙印在人們大腦中。欣賞行動派業務員的客戶，幾乎都抱持這種想法，更讓這種業務員堅信忙碌是好事。

行動派業務員即使犧牲私人生活，也不停地工作，認為自己是為了讓家人過上好日子，才如此投入工作。實際上，這種人經常不顧家庭，最後以離婚收場。

而且，他們因為自己創造業績的方式是不停地約客戶見面，所以在升上主管後，也會要求部屬同樣拚命。因此，行動派業務員通常會被部屬討厭，若要求太過分，甚至被控訴職權霸凌。

❖「我的人生要繼續這樣嗎？」

我在銀行任職的後期，正是處於行動派業務員的等級，當時已經建立幾套自己的推銷模式，像是：「推銷中小企業老闆這個融資專案」、「如果這個老闆對融資沒興趣，就從繼承人下手」，遇到合適的目標前，我會不斷地挖掘客戶。

於是，我變得越來越忙碌，經常加班到必須搭末班車回家。到家後坐在電腦前繼續處理剩下的工作，最後累得趴在桌上睡著，隔天早上再搭最早的電車到公司。由於過度忙碌，幾乎沒時間打理外表，但又不能穿著跟昨天相同的衣服去上班，只好換條領帶，又出門工作。

當時我的業績不差，甚至被大家認定為能幹的業務員。然而，我已經忙到沒時間去打最愛的棒球。某天，我突然對如此忙碌的生活產生質疑：「這麼忙對自己的人生有什麼好處？」「我的人生要繼續這樣嗎？」

我忽然想起，自己已經好幾個月沒和高中或大學朋友見面，也沒與棒球同好聚會，每天接觸到的只有與工作相關的人，即使週末突然有空檔，也不曉得該約誰吃飯。

我問自己：「我六十歲的時候，會不會後悔自己過著這樣的生活？」左思右想後，我決定轉行。

即使客戶數目減少，用這招能使銷售額蒸蒸日上

如果你眼前有兩條路，第一條是繼續用現在的方式生活，第二條是不用這麼忙，也能讓業績成長，你會選擇哪條路？相信大多人會選擇第二條路，但行動派業務員卻會感到不安：「如果減少跟客戶見面的次數，業績可能會下滑。」因此，他們即使犧牲一切，也會以工作為優先。

然而，一味追求見面次數，促進業績的效果有限。即使降低碰面次數，還是有可能維持業績蒸蒸日上，因此請各位徹底拋下忙碌是好事的想法。

如果你問行動派業務員：「為什麼會這麼忙？」幾乎所有人都會回答：「為了賺錢。」如果再進一步追問：「為了誰賺錢？」回答不外乎是家人，或是讓身

邊的人過上富足的生活。許多找我諮商的業務員，都曾在行動派業務員這個等級，做出錯誤的行動。

S在幾個星期前，本來約好要與女朋友約會，卻臨時放她鴿子，而安排與客戶見面的行程。S解釋：「我如果不賺錢，就沒錢帶女朋友吃大餐，也不能買禮物送她。」

我對S說：「當你的女朋友真辛苦，乾脆分手吧。」他聽後一臉訝異，我繼續說：「既然是為了她而工作，更應該安排時間跟她約會。」S馬上回答：「如果跟女朋友約會，而不和客戶見面，我怕業績會減少。」

實際上，即使客戶數目減少，也有方法讓業績蒸蒸日上。仔細觀察身邊的業務員，一定能找到幾位不覺得工作是人生唯一目標，卻收入相當豐厚的人。請各位仔細思考：「為什麼這些人可以把日子過得輕鬆愜意，又能賺到很多錢？」

讓自己不光是業務員，顧客就會只想跟你買！

接下來，我介紹保險業務員E的故事。她是我的培訓課程學員，課程結束以後，便從衝衝衝業務員升級到行動派業務員。

E的銷售手法非常成功，她到各公司舉辦理財諮商講座，漸漸地以理財專家的身分贏得大家信賴，每個月能成功簽到四十張以上的保單，一年成交的保單有四百八十張。但是，我相當擔心她無法好好照應每位客戶。

一個月簽四十張保單代表什麼？如果扣掉週末時間，等於一天簽兩張保單。

某天我問E：「這樣能做好售後服務嗎？」

她漫不經心地回答：「我幫客戶挑選的都是很棒的商品，不會有問題，而且公司也沒規定一年必須見同個客戶幾次吧？」

然而，當其他公司的保險業務造訪E的客戶，並向他們介紹高理財效益的商品，他們便毫不猶豫地更換成其他商品，而且完全沒有找E商量，單方面地寄出「不再續約」的文件。

為什麼會變成這樣的情況？因為客戶並非為了E這個人而買保單，純粹是看上保單對自己有利的部分，一旦發現其他更有利的商品，便會馬上跳槽。於是，E瞬間失去許多保單，月收入從原先的一百五十萬日圓，驟降至十五萬日圓。

❖行動派業務員容易為了業績而犧牲家庭

同樣因為工作而嚴重影響到生活的還有F，三十五歲的F是我的同事，跟E一樣已經找到適合自己的推銷模式，能輕易地簽到保單。然而，他假日仍不停工作，跟家人見面的時間越來越少。我擔心地詢問他的家庭狀況，他卻不以為意地說：「家人都能夠體諒我，畢竟這是工作」，並繼續全心全意地投入工作。

有一天，某位女性找我確認保單，我看過內容後，認為目前的保險額度和類型，都十分符合她的生活型態，便表示不需要更換保單。沒想到她對我說：「我會繼續繳保費，但想換承辦人。」原來這位女性是F的鄰居，她解釋：「F都不照顧家庭，我覺得他太太很可憐。」

我把這件事告訴F，詢問他決定如何處理，他竟然回答：「為了工作，這是沒辦法的事。」F仍舊日夜忙於工作，最後淪落到離婚的下場。

F每日賣命工作，現在還處於行動派業務員的等級。如果只看業績，F可說是成功的業務員，但每天都過著這種生活，真的能稱作美好的人生嗎？

向上升級的關鍵，是思考「如何讓客戶更開心」

有的人在成為行動派業務員後，因為抽成變多，而創造數千萬日圓的業績。如果這些人在企業任職，應該就是各部門或團隊的菁英。

正因如此，才會有這麼多人不想改變，寧可選擇維持忙碌的現狀。然而，若能升級至下個業務員等級，既可以縮短工時，又得以增加收入。

其實，**提高業績的最簡單方法不外乎以下兩種，分別是擴大單件交易金額，以及增加交易件數**。但是，行動派業務員一味追求成交件數，不會與客戶深交。

❖只追求交易件數的策略，容易失去客戶信任

我在銀行任職期間，也曾拚命追求交易件數，當時我不停推銷房貸、找法人洽談融資企劃案。直到有一天，我聽到某位客戶對其他人抱怨：「你們只有在我要向銀行借錢時才出現，其他時間根本不理不睬。」我一直認為這位客戶和我相當親近，聽聞這番話後，感到十分震驚。

當時我認為如果花費過多時間在售後服務，可能會壓縮到開發新客戶的時間，造成部門的困擾，因此採取一味開發新客戶的策略。現在回想起來，當時我為了顧全小小的虛榮心，一直困在行動派業務員的等級而無法提升。

後來，我被貼上不可靠的標籤，讓一直穩坐業績第一的我，自尊心大受打擊，甚至惡名遠播。每次和新客戶見面，他們的表情都像在說：「啊，我知道你的事情。」

而且，這個傳聞越傳越遠，甚至嚴重影響我拓展新客戶，最後一件都沒談

成。當時我陷入困境，完全不知該如何是好，於是決定突破行動派業務員的框架，朝著更高的等級前進。

❖跳脫行動派業務員等級，從「不談工作」開始

當時我採取的方法很簡單，那就是跟客戶碰面時，絕口不提工作，只是單純拜訪他們。不過，雖然下定決心這麼做，一開始卻不知道該聊什麼話題，明明特地去找客戶，卻害羞到不知如何開口。

於是，我決定從自己的個人特點聊起，和客戶談棒球或車子，並洗耳恭聽他們的興趣。自從開始跟客戶深談，他們慢慢對我敞開心房，隨著溝通質量增加，我漸漸產生想取悅客戶的啟發與想法，並且不時心想：「如果這麼做，客戶一定會更開心吧！」

實際上，**想讓客戶更開心的心態，便是朝付出型業務員邁進的一大關鍵，**

但是不用著急，慢慢找出答案即可。最簡單的方法是，利用上班前或下班後的時間，試著跟客戶聊聊工作以外的事。習慣後再將接觸的客戶人數減半，把與每個人見面的時間拉長兩倍。

完成上述目標後，相信一定會提高每位客戶的成交金額，此時不需要再靠件數取勝。當你與多位客戶深入相處後，會察覺到：越是一流的商務人士，越珍惜私人時間，而且一定會保有個人空間。

不論上班時間多麼忙碌，優秀的工作者通常能夠切換上下班模式，也有時間投入喜歡的嗜好，並享受與家人相處的時間。每當我對一流工作者說：「您看起來好忙！」幾乎所有人都回答：「不忙啦！」就連公司營運順利，理應忙到天昏地暗的老闆都這樣回答。這讓我再一次認知到：總是將忙碌掛在嘴邊，根本毫無意義。

希望所有行動派業務員都能在業績走下坡之前，盡速察覺這個道理。

每天安排30分鐘「放空時間」，讓大腦重新啟動

當你與客戶相處時，話題漸漸地不再只圍繞在工作上，而且能慢慢拉長見面與聊天的時間後，接下來可以試著安排自己的時間，**具體方法是每天抽出半小時不做任何事**。

剛開始，可以先在記事本記下「〇點至〇點為放空時間」，這段時間絕對不要安排任何行程，除了不見客戶、不跟他人說話，也不要看書或看電視。總而言之，暫時停止用雙眼或雙耳接收外在資訊，悠閒地喝杯咖啡或是聽安靜的音樂，盡情發呆吧！

❖大腦的潛意識中，藏有無盡靈感

剛開始強迫自己發呆，一時之間可能難以靜下心來，腦中總會跑出想做些什麼事的衝動。不過，一直忙於工作的大腦將漸漸進入休息狀態，你會發現自己的思緒煥然一新。

大腦休息後再重新啟動，可以使注意力更加集中，有助於提升工作效率。長期下來，你會慢慢發現，行程滿檔、把忙碌掛在嘴邊的工作狀態，其實效率奇差無比。

人們每天都必須動腦思考許多事情，行動派業務員只要有短暫的空檔時間，通常會安排行程或是查看資料，不讓自己有片刻休息的機會。但是，這反而造成反效果。

當大腦停止思考，便會啟動潛意識，在此時整理思緒，更容易想出好點子。相反地，若沒有讓大腦充分休息，潛意識便無法發揮作用。

我經常在搭飛機或坐新幹線時放空，刻意不看書或是做其他事，此時大腦通常會浮現解決問題的方法或靈感。據說腦中有九成的意識是潛意識，不善加利用實在太可惜。

戒除浪費時間的舉動，才能妥善運用特點

但很遺憾地，行動派業務員總會忘記善用個人特點，因為他們一直忙於尋找符合推銷條件的顧客，沒有時間或心力參與同好會。

當然，有些行動派業務員會在忙碌之餘，把時間花在興趣上。但如果你開始思考：「每天這麼忙真的好嗎？」請務必好好活用個人特點，擺脫焦頭爛額的每一天。

行動派業務員總是忙得團團轉，乍看之下就像為了早日看到成績而抄捷徑。他們經常在不知不覺中浪費時間，卻把不可或缺的重要事項視為浪費時間的行為，像是：

・與自己獨處的放空時間

・與朋友共處的時間

・做自己喜歡事情的時間

這些時間不是浪費光陰，反而能讓你在短時間內創造更好的成績，這才是真正通往事半功倍的捷徑。當你察覺到這個事實，表示已經從行動派業務員升級為付出型業務員。

業務員浪費的時間，以及務必保有的重要時間

浪費的時間

- 一直確認行事曆。
- 製作不必要的資料。
- 無意識地坐在電腦前工作。
- 因為無事可做而焦慮。
- 擔心與客戶的會面而忐忑不安。
- 參加不感興趣的聚會或活動。
- 花一個小時以上與部屬開會。

務必保有的重要時間

- 悠哉地跟客戶聊天。
- 與家人或朋友聚餐。
- 訂定明日的計畫。
- 在日記寫下對當天的反思。
- 集中精神做喜歡的事情。
- 確保發呆時間，什麼都不做。
- 睡覺。

重點整理

- ☑ 行動派業務員會無意識地將顧客視為SOP銷售法的一部分。
- ☑ 優秀業務員會多花時間瞭解顧客，與他們聊工作以外的事。
- ☑ 提高業績的最簡單方法：擴大單件交易金額、增加交易件數。
- ☑ 每天至少安排半小時，什麼事都不做。
- ☑ 大腦停止思考時，會啟動潛意識，不但可以整理思緒，也更容易想出好點子。
- ☑ 行動派業務員往往將不可或缺的重要事項，視為浪費時間。

編輯部整理

Note

/ / /

找到客戶認為有價值的東西，並贈予對方，而付出的成本會變成業績，回饋給自己。付出型業務員深知這個道理，所以全心全意為客戶付出。

第6章

對客戶付出不求回報，收入更快翻倍跳！

本章寫給
等級3：付出型業務員
等級4：諮商型業務員
等級5：圈粉業務員
等級6：神級業務員

「付出型業務員」忙著給予顧客價值，期待對方回饋

假設你現在有一百萬日圓，並對客戶說：「我現在給你一百萬日圓，請你拿這些錢買一百萬日圓的保險」，或者說：「我會給你一百萬日圓，請拿來買一百萬日圓的商品」。應該所有客戶都會跟你買保險或商品。

實際上，這就是付出型業務員的基本概念。這麼說當然不是真的要你拿現金給客戶，而是想告訴各位：**找到客戶認為有價值的東西，並贈予對方，那些付出的成本會變成業績，回饋到自己身上**。付出型業務員深知這個道理，所以會全心全意地為客戶付出。

在行動派業務員的等級，還無法理解為顧客付出的重要性。因此，若想脫離

這個等級，必須多花時間與顧客聊工作以外的事，才能發現他們的真正需求，而在滿足顧客需求的過程中，業績將蒸蒸日上。透過這些成功經驗，便會明白滿足顧客的重要性。

❖學習新技能，儲存為顧客付出的能力

說到這裡，我想起某家建材公司的特殊策略，該公司要求員工採取付出型的推銷模式，使得業績一飛衝天。公司社長是高爾夫球迷，他在公司建造練習場，安排員工上高爾夫球課，並告訴所有業務人員：「如果高爾夫球成績未達標準，不可以去招攬客戶！」

在這家公司的客戶當中，有不少熱愛高爾夫球的人，當他們對業務員說：「你高爾夫打得真好，可以教我嗎？」業務員會開心地教導他們，並趁機提及：「如果教您打球，我就沒時間跑業務，所以請向我訂貨吧！」藉此拿到訂單。

每個客戶認為有價值的東西不盡相同，可能是有利的資訊，也可能是人脈。具體來說，也許是幫客戶訂到一年前就必須預約的餐廳、介紹銀行給想貸款的老闆、幫忙買到國外知名歌手的演唱會門票，或是傳授英文和網球技能等。請各位也試著為客戶付出。

不過，在為客戶付出時，要避免露骨地表現出：「我做了這件事，對方應該會跟我買東西吧？」這種想法放在心裡即可，因為你的付出一定會以意想不到的形式，轉換為業績。

客戶的滿意和喜悅，將反映在你的銷售額上

付出型業務員認為，業務工作就是不斷付出，並幫客戶解決問題，而這份心意會轉換為業績，回饋到自己身上。

舉我自己的例子來說，我剛跳槽到保險公司時，正處於付出型業務員的等級，我活用過去在銀行任職的經驗，向中小企業老闆提出改善資金調度情況的方案，並成功幫助老闆度過危機。他為了答謝我，便說：「託你的福，讓我有充裕的資金可以運用，我想跟你買保險。」

❖付出型業務員的心態變輕鬆，工作量卻沒減少

一旦升級至付出型業務員，便可以擺脫衝衝衝或行動派業務員的壓力，不再受困於「一定要說服客戶」、「一定要見更多的客戶」的枷鎖，大幅減少工作的壓力。

然而，付出型業務員有種心理特徵，他們會在心底默默期待自己的付出盡快變成業績。過去我每次向客戶提案時，也會心想：「我都做到這種程度了，應該會跟我買兩萬至三萬日圓的保單吧？」

實際上，付出型業務員雖然心態上變輕鬆，工作量卻沒有減少，因為他們認為如果沒有持續付出，業績就會下滑，這個心態跟下一個等級的諮商型業務員相當不同。

付出型業務員透過取悅顧客使業績飆升，在工作中嘗到甜頭，並認知到自己可以當顧客的貴人。然而，他們與行動派業務員一樣都把焦點擺在業績，只想做

能使成交率上升的事情。剛開始會這麼想也在所難免，但只要懂得取悅顧客，便可以輕鬆創造業績。持續累積經驗後，就能成為值得信賴的業務員，朝向更高的等級邁進。

從付出型業務員升級至諮商型業務員，不只能有效降低工作量，心態也會改變，變得真心想幫助他人，即使那件事跟自己的工作無關，也會盡己所能幫忙。

即使顧客說想買，也不能見獵心喜就答應！

如同前文所說，我向有資金調度困擾的企業老闆，提供各種改善方案，作為自己付出的方式。然而，這只適用於資金周轉惡化的企業，我不禁開始思考：「營運狀態好的公司應該還有其他問題吧？」

於是，當我抱持這種想法跟客戶交談，對方也能感受到我的用心，願意敞開心房傾訴煩惱。不論是找不到接班人、員工流動率高等人事問題，還是新商品不暢銷、想更換辦公室等公司內部問題，甚至連尋找高爾夫球友、找不到人組隊打棒球等私人問題，都會找我商量。

實際上，即使幫客戶找到高爾夫球友，或是解決棒球組隊的問題，他們也不會跟我買保險。但我告訴自己：「在我能力所及的範圍內，先幫客戶解決問題」，於是便開始展開行動。這個轉念正是晉升為諮商業務員的關鍵。

當你總是為了業績而付出，並長期抱持這樣的心態跑業務，會發現自己是為了錢工作，久而久之將越來越討厭這樣的自己，開始希望能把客戶當成普通人看待，不想再因為業績或工作才跟客戶來往。

想要擺脫這個困境，首先**要讓客戶覺得眼前的你不是一名業務員，而是把你當作一般人看待**。接下來，從客戶名單中選出其中一、兩位客戶，告訴自己絕不向他們推銷商品，見面時只做客戶想做的事，並持續完成他們的心願。

如此一來，彼此關係將更加親密，客戶甚至會把所有與你工作領域有關的事務，全部委託你處理，而且基於彼此之間濃厚的信任，還可能介紹重要的朋友給你認識。

總而言之，諮商型業務員最大的原則是忘記業績，全心全意地解決客戶的困擾或問題，即使對方希望你介紹商品，也不能順勢推銷。

當你們建立友好關係，客戶可能為了回報你而說：「不好意思經常麻煩你，讓我跟你買張保單吧！」然而，此時你要斷然拒絕：「我不是為了賣保險才跟你交朋友，你有這份心意，我心領了。」

客戶被拒絕後，才會開始認真思考真正的需求，尋找對自己有利的保單內容，然後認真地和你討論：「我認為這是好商品，一定要買！」如此一來，才能有效提升保單的額度。

當這種客戶與日俱增，你就不必刻意跟許多人持續往來，得以擺脫付出型業務員的忙碌狀態，擁有更多自由時間。

想跨越1億業績的門檻，得這樣磨練出多項特點

不論你現在的等級是衝衝衝業務員、行動派業務員，還是付出型業務員，只要懂得利用個人特點，便有機會創造數千萬日圓的年收入。

我之前再三提到，收入越高、壓力越大，說得更實際一點，如果這三個等級的業務員拚盡全力工作，或許可以創造年收一億日圓的亮眼成績，只是難度很高。不過，當升級至諮商型業務員，即使工作時間變短，也不會使收入受限，達到年收一億日圓絕非難事。

❖專注磨練個人特點的勇氣，是業績翻倍的關鍵

那麼，該如何突破一億日圓的關卡？必須跳脫付出型業務員，讓自己升級至諮商型業務員，並好好磨練與利用個人特點。

舉例來說，前言提到的前職業網球選手曾一個月都不工作，終日沉迷在網球世界裡。我是棒球隊的教練，每逢秋季聯盟賽，也幾乎整個月沒上班。正因為我全心投入棒球，才能帶領球隊贏得勝利。隔年，各領域的人都對我說：「能不能跟你見面呢？」

只要用心磨練，看起來似乎沒什麼了不起的特點，會成為強大力量的來源，推動你更上一層樓。當然，一般上班族不可能一個月都不去上班，但如果什麼都不改變，絕不可能讓個人特點成為業績成長的動力。

專注於磨練個人特點的勇氣很重要，務必下定決心並確實完成。剛開始可以每天挪出兩個小時，至少持續三個月，也許工作效率或業績會暫時下跌，但好好

琢磨個人特點後，整個人將變得神采奕奕，並因為享受人生而充滿自信與旺盛的好奇心。這份光彩照人的改變，將使更多人感受到你的魅力，讓你跨越一億日圓的障礙。

抓準時機自我介紹，讓潛在客戶立刻想到你

付出型業務員還容易犯另一個錯誤，就是太專注於付出，忘記告訴對方自己的真正身分。

保險業務員G在高中和大學時期都是棒球隊球員，個人特點就是棒球。他每個週末都會加入社區棒球隊的比賽，經常擊出安打，儼然是位英雄，讓經常輸球的球隊多次贏得比賽。此外，他與隊友的感情很好，經常相約一起看球，還負責解說球賽，大家都聽得很開心。

然而，他即便不停付出，業績卻不見起色。某天他跑來問我：「我明明努力付出，怎麼會是這樣的結果？」我聽聞後反問他：「大家知道你是保險業務員

嗎？」此時他才恍然大悟，原來他一心一意想討人歡心、取悅大家，卻忘記介紹自己。

前文一再強調，展現個人特點時，切記不可以談公事，但至少要清楚表明：「我是保險業務員，各位若有這方面的問題，請不要客氣地來找我。」另外，建議付出型業務員還要再做一件事，就是增加個人特點的項目。

❖盡量培養多種個人特點，有助於拓展客源

大多數人在不同領域都有喜歡的事物，例如：最喜歡的運動是棒球、最愛喝的酒類是紅酒、最喜歡的旅遊國家是西班牙等。換句話說，擁有越多個人特點，越能讓他人產生共鳴，進而增加為別人付出的機會。

除了盡量磨練既有的個人特點，將其運用到工作上，如果行有餘力，還可以在別的領域尋找其他感興趣的事物，並深入磨練。周而復始，你就能擁有眾多個

人特點。

假如你的個人特點是足球，也找到活用方法，可以再試著挑戰象棋，利用通勤時間閱讀象棋書籍，找空檔一點一滴地鑽研。像這樣不停磨練固有特點，再找到新的興趣，就能為自己創造另一項特點。而且，隨著個人特點增加，會擁有更強的優勢。請各位抱持樂在其中的心情，好好磨練吧！

「諮商型業務員」樂於解決問題，顧客自動找上門

從付出型業務員畢業後，會升級至諮商型業務員，也就是我希望所有業務員都能達到的等級。

升級至諮商型業務員，會對一般定義下的業務工作感到興致缺缺，不再單純銷售商品或服務，只會在客戶來找你諮商，或是認為自家商品能解決問題時，才向對方推銷商品，而且絕對會成交。

為了讓各位更容易理解，以下舉一個諮商型業務員的例子。有位社長因為公司營運不佳來找我諮詢，我瞭解情況後告訴他：「您應該可以再找到其他新客戶，如果有銀行願意貸款給你，也許能撐過這個難關。」

之後，我告訴那位社長成功貸款的祕訣，讓他得以順利撐過危機，公司的年營業額從原本的一億日圓，成長至十二億日圓，事業版圖快速增長。我得知後開心地想：「能幫到忙真是太好了。」

幾個月後，他的哥哥打電話給我：「聽說你幫了弟弟很多忙，我想向你致謝。」後來，那位社長的哥哥介紹好幾家大型企業的客戶給我。

這就是幫忙客戶，自己也得到回報的典型例子。**只要讓對方得到實質利益，自己也能有豐厚的收穫**。

此外，即使你的個人特點無法幫客戶解決財務問題，也能成為諮商型業務員。以下舉J的例子來說明。J是高級進口車的業務，非常喜愛打高爾夫球，一年至少打三百輪。他球技普通，但認真地研究高爾夫球相關知識，不僅認識許多職業選手，還與高爾夫球用品的製造商保持密切聯繫，甚至舉辦過各種高爾夫球活動。

J每天不是籌劃與職業選手打高爾夫球的活動，就是安排俱樂部的試打會，一切都是為了幫客戶提升球技。客戶對於這些付出相當開心，完全被他吸引，想買車時首先就是找他商量。雖然J沒有向客戶推銷商品，但有不少人是因為他才買車。

不管各位目前位於哪個業務員等級，或是從事幾年業務工作，每個人都可以升級至諮商型業務員，有些人一個月就達標，也有人花了十年才成功升級。無論如何，只要抱持成為諮商型業務員的目標，每個人都能成功達標。

當你不再認為付出應該有回報，單純因為能幫忙客戶而感到開心，並願意為此展開行動，代表你已經升級為諮商型業務員。

達到諮商型的境界，想賺多少就能賺多少！

升級至諮商型業務員後，便沒有收入限制，因為客戶的煩惱形形色色，只要能幫忙解決問題，獲得的回報一定比付出型業務員還多。而且，**將個人特點活用到極致，甚至進入專家級領域後，還能為更多人創造幸福**。

❖讓客戶開心富足，能使生活更充實

你在付出型業務員的等級，付出的極限代表收入的上限，但是升級至諮商型業務員後，只要為客戶解決煩惱或問題，自己也能獲得回報。**由於你帶給客戶的**

喜悅沒有限制，讓他們感到開心與富足，因此你的生活越來越充實。

諮商型業務員的下一個目標，是圈粉業務員或神級業務員，從業務員等級來看，兩者是相同等級，但客戶的類型不一樣。

圈粉業務員的客戶是龐大的粉絲群，當你的粉絲升級為信眾，不管你做什麼事，他們都會支持，而你達到這個境界後，就是神級業務員。

圈粉業務員和神級業務員，為何不跑業務也有高收入？

假設某家法國餐廳的主廚擁有眾多粉絲，幾年後，他的料理技術變差，原本的粉絲漸漸離去，但信眾仍會帶朋友來捧場，或是介紹其他人來用餐，繼續支持這位主廚。

圈粉業務員與神級業務員的差異，也與業務員嚮往的生活型態有關。某些想接觸人群或娛樂大家的人，身邊總會聚集許多粉絲。另一方面，有些人生性低調，不追求他人認同，不想引人注目，只想過平靜的生活，同樣會吸引許多欣賞這種個性的信眾。

❖只要擁有三位關鍵人物，就能成為頂尖業務員

客戶變成粉絲的關鍵在於對業務員的信任，或是欣賞他的想法及生活態度，因此願意積極地購買商品或服務。也就是說，圈粉業務員**不需要親自推銷也可以有好業績，可以專心做喜歡的事，也能擁有自由時間**。

不過，這不代表一開始便需要擁有大批粉絲。業務員之間流傳著一句名言：「**只要擁有三位關鍵人物，就能成為頂尖業務員。**」換句話說，只要有三位核心粉絲，他們就會為你大力宣傳。如今，有許多客戶會為我介紹人脈，但我剛開始的粉絲人數其實只有個位數。

近年熱衷於慈善活動的高須克彌醫師，以及開發出獨家健康法、經常接受雜誌或電視採訪的南雲吉則醫師，都是典型的圈粉業務員。這兩位醫師盡心研究健康議題，當他們說「這款茶很好」，就會有大批粉絲爭相購買。

不過，許多人自認為已升級至神級業務員，事實上依舊停留在諮商型業務

員，而辨別的方法在於，當你的地位或頭銜變更時，客戶是否還會追隨你。

假如你宣布自己將停工一年，現在的客戶還會繼續跟你聯絡嗎？當你告訴他們想自行創業，他們還會支持你嗎？如果還有人繼續支持並聯繫你，表示你已經升級為神級業務員。

另外，圈粉業務員的薪水與神級業務員不同。升級為圈粉業務員後，收入沒有限制，而成為神級業務員後，年收則可能會有兩種變化，有些人不需要再為錢煩惱，有些人則收入銳減，因為神級業務員通常只跟特定的信眾往來，有時候可能變得與財富無緣。

無論各位現在處於哪個業務員等級，務必記得自己當業務員的目的。為了避免失去目標，請隨時提醒自己不要忘記初衷。

用自身特點為更多人服務，將拓展無限可能

圈粉業務員與神級業務員都不是只取悅一個人，而是能同時讓許多人開心。他們在諮商型業務員時期，透過個人特點取悅眼前的客戶，或是幫忙解決問題。但如今可以再更上一層樓，將特點用在更多認同自己的人身上。簡單來說，就像原本只教一位選手的棒球教練，後來自己開課教導更多人。

❖善用個人特點，也可能造福社會

換句話說，升級為圈粉或神級業務員的關鍵在於，不只為一人服務，而是抱

持為更多人服務的想法，並且確實達成。舉我自己的例子來說，多位企業經營者找我諮商時，讓我產生幫助青年創業者的想法。

一般來說，新創公司五年後的存活率約為五％至一〇％。我想幫助這些年輕人度過創業最艱困的時期，因此時常對身邊的人說：「請引薦努力又認真的年輕老闆給我。」

我認識這些年輕老闆之後，會介紹藝人到他們公司消費，或是讓他們有機會到百貨公司設櫃，也為這些新創公司開辦員工教育課程。在此過程中，我自然能從諮商型業務員，升級至圈粉業務員。

再介紹另一個例子。某位麵包師傅活用自己做麵包的特點，經營一家小店鋪，因應顧客要求開發新商品，隨著新商品大賣，漸漸成長為知名麵包店。

某天，那位麵包師傅決定不再只做美味的麵包，還要做出能守護消費者健康的麵包，於是毅然決然採用國產無農藥的小麥、蔬菜及水果等食材。後來，他為了讓消費者進一步瞭解麵包的生產過程，在推出麵包時會順便介紹生產者，吸引了許多粉絲，營業額蒸蒸日上。

為了做出美味又健康的麵包，那位麵包師傅縮短營業時間，一週只開店三天，仍有許多顧客遠道而來。如今只要一開店，麵包便會瞬間銷售一空，儼然躋升搶手名店之列。

因此，**不要只將個人特點用在自己身上，若能無私地提供給每個人，便有機會拓展自己的可能性，幫助更多的人。**

重點整理

- ☑ 付出型業務員全心全意為客戶付出，這份心意將會轉變成業績，回到自己身上。
- ☑ 不要讓顧客把你當業務員，而是將你當一般人，甚至是朋友。
- ☑ 付出型業務員往往專注於付出，忘記表明自己的真正身分。
- ☑ 個人特點不只可以用在自己身上，若能無私地提供給每個人，將拓展更多可能性。

編輯部整理

Note

/ / /

缺乏個人特點的業務員將逐漸被淘汰。在虛擬世界，有個人特點才有機會成功，即使進入數位時代，有價值的業務員永遠搶手。

第7章

科技浪潮下，
個人特點就是致勝武器

想穩穩賺1億，要從今天開始改變行為模式

我經常問培訓課程學員：「你們希望年收入有多少呢？」大多數業務員回答：「一千萬日圓。」我接著問：「如果可以無止盡地賺錢，你想賺多少？想賺到一億日圓，還是滿足於一千萬日圓？」

這時候，幾乎所有人都異口同聲地說：「不可能賺到一億日圓吧？」當然，如果繼續使用目前的推銷方法，並且維持現在的生活型態，賺到一億日圓真的很困難。

我繼續問：「假設你的家人被綁架，要求你在一週內將營業額提升十倍，你會怎麼做？」所有學員都說：「我會拚命努力達標。」我對他們說：「既然你們

這麼想，不妨就從今天開始吧。」這時候大家才恍然大悟，原來自己潛意識中相當害怕改變。

大多數人都討厭改變，經常會心想：「昨天平安順利度過一天，希望今天和明天也一樣平安無事。」**不過，如果一直維持現狀，未來就不可能變得更好**。

假如你想賺到一億日圓，必須從今天開始改變你的想法與行為。當你下定決心告訴自己：「如果賺到一億日圓，我要做〇〇」，大腦就會引導你去執行，而個人特點有助於加快實現速度，幫助你夢想成真。

每個靈感都可能成為特點，讓銷售額持續成長

你能想像嗎？一個月有一半以上的時間都在做自己喜歡的事，但是收入依然不變。這就是我現在過的生活。

如同前文所述，我是某所大學的棒球隊教練，每個月有二十五天都在球場上與選手一起練球。我可以盡情做喜歡的事，不需要壓抑欲望，仍然能維持想要的收入水準。

同時，我也是保險經紀公司的負責人，底下有十六個員工。我告訴他們，只要做出業績，沒有工作時可以不用到公司上班。

之後，我在東京成立分公司，員工對此感到很不安，好幾次打電話問我：

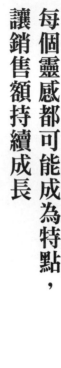

「真的可以不用去公司嗎？」也有員工詢問：「我今天下午預約了美容除斑，可以外出嗎？」對於這些要求，我當然全部同意，因為大家都懂得利用個人特點做出成果，不需要我的督促。

此外，公司員工也會向我提出各種想法和提案，例如：「想在麗思卡爾頓酒店（Ritz CarlTon Hotel）舉辦理財講座」、「想邀請名人參加講座」，我幾乎都會答應，因為每個靈感都可能成為一項特點。

雖然不是所有提案都會成功，但是我們不害怕嘗試，**因為個人特點的種子總是從意想不到之處冒出來**。

透過工作做喜歡的事，讓能力和財富都開花結果

在參加培訓課程的學員當中，有不少人的最大目標是輕鬆賺錢，這個動機讓我覺得失望又可惜。當然，沒有人會刻意選擇艱難的賺錢手段，也不需要讓自己很辛苦地賺錢。

但是，我想介紹的不只是輕鬆賺錢的方法，而是能一邊做喜歡的事，一邊輕鬆愉快地賺錢。然而，做喜歡的事情不代表在工作上貪圖輕鬆，凡事隨便做，一律不做麻煩的事情。

另一方面，我在書中一再強調，必須徹底磨練個人特點，將特點發揮到極致的境界，而不是抱持單純玩樂的心態。

❖滿足馬斯洛第五層次需求，必須發掘個人特點

美國心理學家亞伯拉罕・馬斯洛（Abraham Maslow）認為，人類如果希望擁有健康的身體，具備養家糊口的能力並創造幸福人生的夢想，必須滿足五個層次的需求。

人類的需求如下頁的金字塔圖形一樣，當下層的需求獲得一定的滿足，便會依序出現更高層次的需求。以下條列出馬斯洛五個層次的項目：

第一層次：生理需求（生存）

第二層次：安全需求（安全感）

第三層次：愛與歸屬的需求（歸屬感）

第四層次：認同需求（獲得他人認同）

第五層次：自我實現需求（發揮能力）

而且，人們追求的需求層次，與健康程度成正比，追求的層次越高，代表越不須擔心身體狀況。現代人大多已滿足生理和安全需求，因此幸福感主要來自希望獲得他人認同，或是發揮自我能力等高需求層次。

我認為人類可以藉由工作，滿足這兩項需求，創造極致的幸福，因為大多數人一天中除了睡覺和用餐之外，時間多半用於工作，所以與其利用工作外的時間獲得某人認同，或是發揮自我能力，不如在工作中讓自己的能力開花結果，盡己所能地幫助與取悅客戶，更有助於獲得成就感，並長時間感受這份幸福。

如果你希望輕鬆賺錢，卻又怕麻煩，不想做該做的事，等於錯失進步的大好機會。相反地，在徹底磨練特點的過程中，你會覺得自己每天都慢慢進步。

為了成長所付出的努力絕對不會白費，這就是善用個人特點，使業務員等級上升的重要關鍵，而且讓更多人真的樂在工作。

馬斯洛五個層次需求理論

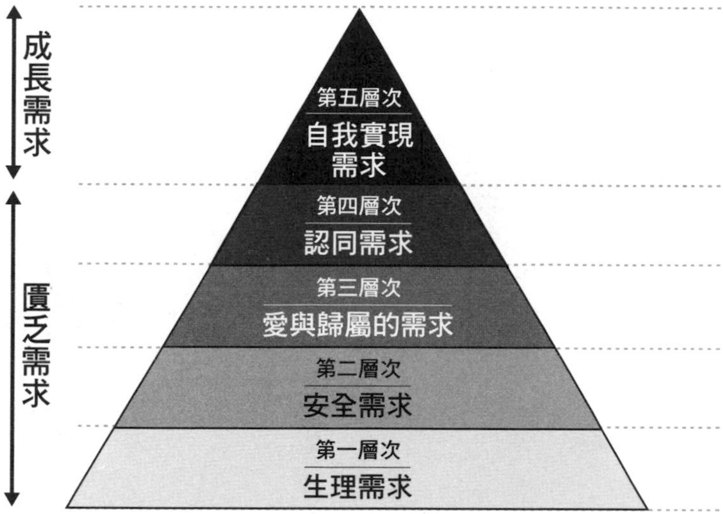

- **第五層次**：希望發揮能力，實現創意。
- **第四層次**：希望獲得認同，渴望別人認可自己的價值。
- **第三層次**：想與他人建立關係，渴望歸屬感。
- **第二層次**：想守護身家安全。
- **第一層次**：想活下去。

擁有個人魅力的業務員，不會被AI浪潮淘汰

最近經常有人問我：「面對面推銷是不是落伍了？」往後是AI人工智慧的時代，大家會透過網路或AI購物，如此一來將不再需要真人推銷員。

❖業務員會被時代淘汰嗎？

機器取代銷售的案例確實越來越多，如今許多車站剪票口是由機器取代人工，以後銀行會出現無人櫃檯，超商購物也變成自動結帳。但我認為只有沒見面價值的業務員，才會被機器取代。

換句話說，**沒有個人特點的業務員將逐漸被淘汰**。在虛擬世界，擁有個人特點才有機會成功，即使進入數位時代，有價值的業務員永遠都搶手。

另外，我認為習慣網路購物的人，大多捨不得浪費時間和手續費，而財務寬裕的人會渴望與有價值的人來往，想向具有高層次特點的人購買商品。

當你成為大家心目中的理想賣家，不管在哪個時代都能生存。懂得利用個人特點後，應該可以成為人人稱羨的高階工作者。

重點整理

☑ 一直選擇維持現狀，未來不可能改變。

☑ 為了成長而付出的努力絕對不會白費，這就是善用個人特點，讓業務員等級的重要關鍵。

☑ 沒有個人特點的業務員會慢慢被科技淘汰，擁有個人特點才有機會成功。

☑ 財務寬裕的人會渴望與有價值的人交往，也想向具有高層次特點的人購買商品。

編輯部整理

Note

/ / /

後記
實踐超業的心態和技巧，幸福就會來敲門

威廉．史密斯（Will Smith）主演的電影《當幸福來敲門》（*The Pursuit of Happyness*），是由真人真事改編，描述男主角克里斯．賈納（Chris Gardner）在事業失敗後淪落為遊民，歷經萬丈波瀾終於成功翻身的故事。

在這部電影中，男主角的經歷正好符合從衝衝衝業務員，升級為付出型業務員的過程。男主角原本是銷售醫療器材的衝衝衝業務員，但事業不順利。為了改變現況，他拿出電話簿明細，從最下面開始依序打電話推銷，逐漸升級為行動派業務員。

後來，他應徵證券公司實習生時，發揮機智幫人事主管拼好魔術方塊，於是被錄取，接著利用喜歡看美式足球賽的個人特點，進階為付出型業務員。

我在欣賞這部電影時，心中更加確信業務員六等級適用於任何領域。而且，我能自信滿滿地告訴各位，個人特點無關年齡、性別、人種或個性，任何人都可以加以利用，為自己創造佳績。

過去，當我遲遲得不到客戶信任，為業績苦惱時，經常會想：「我真的適合這份工作嗎？」甚至曾經沉迷於瞭解自我個性的心理測驗。

我做過好幾項心理測驗，由於題目與方法不同，每個測驗測出的個性類型都完全不同。我花了好幾年的時間，不斷接受各種測驗，終於發現一個結論：**每個人都擁有個人特點，如何形成特點與性格無關，不管什麼個性的人都適合當業務員**。各位如果能透過本書，體會到當業務員的樂趣與優勢，我會無比開心。

最後，感謝在我撰寫此書時給予協助的所有人：挖角我到大都會人壽的正司惠一先生、我在大都會人壽任職期間的所有同事、給我這位素人作家眾多支援的塩尻朋子女士，以及ASA出版社的所有同仁。

真的很感謝各位，因為有這麼多人的支持與協助，才有今天的我。我對所有的人事物都心存感激！期待有一天，能在某個地方邂逅面帶笑容的你。

※本書的部分版稅將捐給專門收容柬埔寨無助孤兒的 Sun Tan 孤兒院。
感謝購買本書的人透過本書來救助孤兒。

國家圖書館出版品預行編目（CIP）資料

業務之神的聊天術：不推銷，讓業績從 0 到 1 億／辻盛英一著；
黃瓊仙譯. -- 二版. -- 新北市：大樂文化有限公司，2023.09
224 面；14.8×21 公分. --（Smart；119）

ISBN 978-626-7148-75-4（平裝）
1. 銷售　2. 銷售員　3. 職場成功法

496.5　　112011132

SMART 119
業務之神的聊天術（暢銷限定版）
不推銷，讓業績從 0 到 1 億
（原書名：業務之神的聊天術）

作　　者／辻盛英一
譯　　者／黃瓊仙
封面設計／蕭壽佳
內頁排版／思思
責任編輯／劉又綺、曾沛琳
主　　編／皮海屏
發行專員／張紜蓁
發行主任／鄭羽希
財務經理／陳碧蘭
發行經理／高世權
總編輯、總經理／蔡連壽

出 版 者／大樂文化有限公司
地址：新北市板橋區文化路一段268號18樓之1
電話：(02)2258-3656
傳真：(02)2258-3660
詢問購書相關資訊請洽：(02)2258-3656
郵政劃撥帳號／50211045　戶名／大樂文化有限公司

香港發行／豐達出版發行有限公司
地址：香港柴灣永泰道70號柴灣工業城2期1805室
電話：852-2172 6513　傳真：852-2172 4355

法律顧問／第一國際法律事務所余淑杏
印　　刷／韋懋實業有限公司

出版日期／2020年3月23日第一版
2023年9月28日 暢銷限定版
定　　價／280元（缺頁或損毀，請寄回更換）
I S B N／978-626-7148-75-4